STATIK 1
Berechnung statisch bestimmter Systeme

von

FH-Prof. Dipl.-Ing. Dr. Michaela Kofler
FH JOANNEUM Graz, Architektur und Bauwesen

Dipl.-Ing. Reinhold Fritsch
Oberstudienrat

Dipl.-Ing. Gerhard Möslinger
staatlich befugter und beeideter Zivilingenieur für Bauwesen
Vertragslehrer an der HTBLuVA Wien III, Leberstraße

6., überarbeitete Auflage

Wien 2011

Die Republik Österreich stellt Ihnen dieses Buch für Ihre Ausbildung zur Verfügung.
Es soll Ihnen helfen, den Lehrstoff mit Ihrer Professorin, Ihrem Professor zu erarbeiten und sich auf Ihre spätere berufliche Praxis oder ein anschließendes Studium vorzubereiten. Nutzen Sie die Möglichkeiten der Information und der praxisorientierten Auseinandersetzung mit den Aufgabenstellungen der Bautechnik, die es bietet.

Buch-Nr. 1093

Das vorliegende Arbeitsbuch wurde vom Bundesministerium für Unterricht und kulturelle Angelegenheiten mit Erlass vom 31. März 1998, Zahl 25.926/1-III/13/97, für den Unterrichtsgebrauch an höheren technischen und gewerblichen Lehranstalten, Fachrichtungen Bautechnik, II. Jahrgang, im Unterrichtsgegenstand Statik als geeignet erklärt.

Dieses Schulbuch wurde auf der Grundlage eines Rahmenlehrplans erstellt.
Die Auswahl und die Gewichtung der Inhalte erfolgen durch die Lehrerinnen und Lehrer.

 Kopierverbot
Wir möchten darauf hinweisen, dass das Kopieren zum Schulgebrauch aus diesem Buch verboten ist – § 42 Abs. 6 der Urheberrechtsgesetznovelle 2003: „Die Befugnis zur Vervielfältigung zum eigenen Schulgebrauch gilt nicht für Werke, die ihrer Beschaffenheit und Bezeichnung nach zum Schul- oder Unterrichtsgebrauch bestimmt sind."

© MANZ Verlag Schulbuch GmbH, Wien 2011
Schulbuchvergütung/Bildrechte: © VBK Wien
Das Werk ist urheberrechtlich geschützt. Die dadurch begründeten Rechte, insbesondere das der Übersetzung, des Nachdrucks, der Entnahme von Abbildungen, der Funksendung, der Wiedergabe auf fotomechanischem oder ähnlichem Wege und der Speicherung in Datenverarbeitungsanlagen, bleiben, auch bei nur auszugsweiser Verwertung, vorbehalten.

Printed in Austria, ISBN 978-3-7068-4199-3

Das vorliegende Buch wurde auf chlorfrei gebleichtem Papier gedruckt.

Umschlaggestaltung: buero8, Wien
Druck: Ferdinand Berger & Söhne GmbH, 3580 Horn

Vorwort

Die vorliegende Reihe Statik 1 bis 3 bietet Studierenden einen aktuellen Einstieg in das Fachgebiet. Sie entspricht dem Lehrstoff für höhere technische und gewerbliche Lehranstalten und eignet sich auch für Fachhochschulstudiengänge, an denen Bautechnik gelehrt wird.

Die Beurteilung eines Tragwerkes mit dem Nachweis der Tragfähigkeit, Standsicherheit und Gebrauchstauglichkeit setzt die Kenntnis der in ihm wirksam werdenden Kräfte und deren Weiterleitung auf andere Konstruktionsteile bis zur Bodenfuge voraus. Diese Kenntnis zu vermitteln, ist Aufgabe der Baustatik.

Die Studierenden sollen systematisch zu einem grundlegenden Verständnis der Funktion von Tragwerken vor allem im Hochbau und im Brückenbau geführt werden. Dabei sind ausgehend von der Art des Bauwerks die Einwirkungen zu analysieren, denen das Tragwerk standhalten muss. Ziel sollte es immer sein, unter Berücksichtigung aller Anforderungen im Hinblick auf die Sicherheit der Nutzer, den Umweltschutz und die Beschaffenheit des Baugrundes ein geeignetes und wirtschaftliches statisches System für das Tragwerk zu finden. Darauf aufbauend kann nach Wahl des Baustoffes die Querschnittsbemessung durchgeführt bzw. bei vorgegebenen Querschnitten die Tragfähigkeit der Bauteile beurteilt werden. Diese Aufgabenstellung wird vor allem im Band Statik 2, der Festigkeitslehre, behandelt. Die Grundlage für alle konstruktiven Lehrgebiete des Bauingenieurwesens bildet aber die Statik.

Das vorliegende Lehrbuch erläutert die Grundbegriffe der Statik und macht die Studierenden mit der Wirkung von Kräften sowohl in der Ebene als auch im Raum vertraut. Wird ein Bauteil durch Einwirkungen beansprucht, wie z.B. Eigenlasten, Wind, Schnee etc., so resultieren daraus aufgrund der Lastfortleitung Auswirkungen in Form von Reaktionskräften und -momenten auf die Stützstellen. Die Beurteilung der Tragfähigkeit setzt daher die Kenntnis der inneren Kräfte eines Bauteiles voraus. All diese Aufgaben können bei statisch bestimmten Tragsystemen mithilfe der Gleichgewichtsbedingungen gelöst werden.

Für unterschiedliche Tragwerksformen wird die grundsätzliche Vorgangsweise bei der Berechnung der Auflagerreaktionen und Schnittgrößen gezeigt. Dazu zählen die einteiligen und mehrteiligen Träger und Rahmentragwerke genauso wie Fachwerksysteme und räumliche Stabtragwerke.

Viele Studierende werden die Frage stellen, warum man statische Problemstellungen heutzutage nicht ausschließlich mit geeigneten Computerprogrammen bewältigt. Selbstverständlich sind in der Praxis Computeranwendungen in der statischen Berechnung und Bemessung üblich, doch ist es unbedingt notwendig, die Ergebnisse zu kontrollieren. Dazu ist aber ein grundlegendes Gefühl für das Tragverhalten eines statischen Systems erforderlich. Ziel der Grundausbildung im konstruktiven Ingenieurbau sollte es sein, dass Absolventen mit einfachen Methoden der Handrechnung Ergebnisse komplizierter Berechnungen überprüfen können.

Den Mitarbeitern des Verlages, insbesondere Herrn Dr. A. Huger, möchte ich für die stets gute Zusammenarbeit und Unterstützung bei meiner Arbeit danken.

Wien im Juli 2011   Michaela Kofler

Inhaltsverzeichnis

1	**Grundlagen der Statik**	**9**
	1.1 Begriffe	9
	1.2 Kräfte	10
	1.3 Dimensionen und Einheiten	11
	1.4 Der starre Körper	11
	1.5 Axiome der Mechanik	12
	1.6 Einteilung der Kräfte	12
2	**Das zentrale Kraftsystem**	**14**
	2.1 Zusammensetzen und Zerlegen von Kräften eines ebenen, zentralen Kraftsystems	14
	2.2 Gleichgewicht eines ebenen zentralen Kraftsystems	17
	2.3 Zerlegen und Zusammensetzen von räumlichen Kraftvektoren	19
	2.4 Aufgaben zu Kapitel 2	22
3	**Allgemeines ebenes Kraftsystem**	**24**
	3.1 Kräftepaar, Moment	24
	3.2 Gleichgewicht eines allgemeinen ebenen Kraftsystems	30
	3.3 Gleichgewichtsarten	32
	3.4 Kippsicherheit	33
	3.5 Gleitsicherheit	34
	3.6 Aufgaben zu Kapitel 3	37
4	**Schwerpunkt**	**38**
	4.1 Schwerpunkt paralleler Kräfte	38
	4.2 Linienschwerpunkt	40
	4.3 Flächenschwerpunkt	41
	4.4 Schwerpunkt und Massenmittelpunkt eines Körpers	45
	4.5 Aufgaben zu Kapitel 4	47
5	**Tragwerke**	**49**
	5.1 Tragwerksformen	49
	5.2 Lagerungsarten	50
	5.3 Statische Bestimmtheit ebener, einteiliger Stabtragwerke	51

5.4	Mehrteilige Tragwerke	54
5.5	Aufgaben zu Kapitel 5	57

6 Statisch bestimmte Träger — 58

6.1	Ermittlung der Auflagerreaktionen	58
6.2	Schnittgrößen	59
6.3	Einfeldträger	60
6.4	Zusammenhang zwischen Belastung, Querkraft und Biegemoment	67
6.5	Superposition von Lastfällen	68
6.6	Kragträger	68
6.7	Einfeldträger mit Kragarm	71
6.8	Einfeldträger mit beidseitigen Kragarmen	77
6.9	Einfeldträger mit beidseitigen Kragarmen – ungünstige Laststellungen	78
6.10	Schräge und geknickte Träger	79
6.11	Aufgaben zu Kapitel 6	88

7 Mehrteilige Tragwerke — 91

7.1	Gelenksträger	91
7.2	Dreigelenksrahmen und Dreigelenksbogen	94
7.3	Dreigelenksrahmen und Dreigelenksbogen mit Zugband	101
7.4	Aufgaben zu Kapitel 7	105

8 Statisch bestimmte ebene Fachwerke — 107

8.1	Allgemeines	107
8.2	Fachwerkaufbau	108
8.3	Statische Bestimmtheit	109
8.4	Berechnung der Fachwerke	110
8.5	Rundschnittverfahren	110
8.6	Ritterschnitt-Verfahren	112
8.7	Parallelgurtige Fachwerke	114
8.8	Cremonaplan	115
8.9	Aufgaben zu Kapitel 8	121

9 Räumliche Tragsysteme — 123

9.1	Allgemeines	123
9.2	Auflagerreaktionen und Schnittgrößen	123
9.3	Aufgaben zu Kapitel 9	130

10	**Lastannahmen**	**131**
10.1	Allgemeines	131
10.2	Ständige Einwirkungen	132
10.3	Nutzlasten im Hochbau	134
10.4	Schneelasten	135
10.5	Windlasten	137
10.6	Wasserlast	141
10.7	Sonstige Lastwirkungen	142

Normen   **143**

Literatur   **144**

Lösungen zu den Aufgaben   **145**

Stichwortverzeichnis   **162**

1 Grundlagen der Statik

1.1 Begriffe

Die **Mechanik** ist die Lehre von den Bewegungen der Körper und den Kräften, die die Ursache dieser Bewegungen sind. Sie soll aber auch den Sonderfall erfassen, dass die wirkenden Kräfte keine Bewegung verursachen und sich somit im Gleichgewicht befinden.

Die Einteilung der Mechanik kann nach der Beschaffenheit der zu untersuchenden Körper erfolgen und gliedert sich in die Mechanik der starren Körper, der verformbaren Körper und der Flüssigkeiten und Gase.

Eine andere Einteilung der Mechanik kann aufgrund der Problemstellung vorgenommen werden, wobei die drei maßgebenden Begriffe – Kraft, Länge und Zeit – zur Beschreibung eines mechanischen Vorgangs zugrunde gelegt werden.

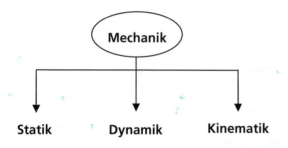

Die **Kinematik** beschäftigt sich mit der Beschreibung des räumlichen und zeitlichen Ablaufs einer Bewegung von Körpern ohne den Einfluss der wirkenden Kräfte.

Die **Dynamik** ist die Lehre von der Bewegung der Körper und der sie bewirkenden Kräfte unter Berücksichtigung der zeitlichen Änderungen. Im Bereich des Bauwesens ist die **Baudynamik** von Bedeutung, wenn z.B. Maschinenfundamente aufgrund bewegter Maschinenteile oder die Schwingungen bei Brücken aufgrund von Fahrzeugen untersucht werden.

Die **Statik** kann als Sondergebiet der Dynamik aufgefasst werden. Sie untersucht jene Bedingungen, die erfüllt sein müssen, damit ein Körper sich unter der Einwirkung von Kräften im Zustand der relativen Ruhe und im Gleichgewicht befindet.

Eine wesentliche Aufgabe der **Baustatik** ist es, die Standsicherheit von Bauwerken nachzuweisen. In früherer Zeit hat man sich auf die praktische Erfahrung beim Bau von Gebäuden und Brücken verlassen. Heutzutage werden für Baukonstruktionen unterschiedliche Materialien wie z.B. Beton, Holz, Stahl oder Glas verwendet. Die Gebäude werden immer höher, die Brücken immer weiter gespannt. Aus diesen Gründen ist es ohne moderne Rechenverfahren nicht möglich, die Gebrauchstauglichkeit und die Tragsicherheit nachzuweisen.

> **Die Statik ist die Lehre von der Zusammensetzung und dem Gleichgewicht der Kräfte ohne Berücksichtigung der Zeit.**

Im Rahmen einer **statischen Berechnung** wird ein Bauwerk in einzelne Tragelemente zerlegt, für die **idealisierte statische Systeme** festgelegt werden.

Ein weiterer Schritt ist die Erfassung der auf ein Bauwerk wirkenden Lasten wie zum Beispiel die Eigenlasten der Konstruktion und die ständig wirkenden Ausbaulasten. Als veränderliche Einwirkungen sind die Nutzlasten, die vom Verwendungszweck eines Bauwerkes abhängen, z.B. Wind, Schnee, Lkw-Lasten etc., zu berücksichtigen.

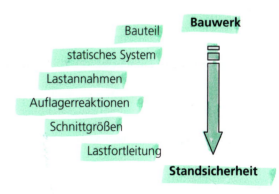

Für jedes Tragelement werden die Auflagerreaktionen, die inneren Kräfte wie z.B. die Schnittgrößen von Biegeträgern oder Stabkräfte von Fachwerkträgern aufgrund der Lastwirkung ermittelt, wobei die Kraftfortleitung von einem Bauteil zum anderen beachtet werden muss. Aufgrund der inneren Beanspruchung der Tragelemente kann eine Dimensionierung durchgeführt werden.

Grundlagen der Statik

Letztendlich müssen alle Lasten eines Bauwerkes sicher auf den Baugrund übertragen werden und dort sicher aufgenommen werden können.

Stellvertretend für die Forschung auf dem Gebiet der Mechanik im Laufe der Geschichte werden nur einige Persönlichkeiten genannt:

Archimedes (278–212 v.Chr.):

    Hebelgesetz, Schwerpunkt, Auftrieb

Leonardo da Vinci (1452–1519):

    Gleichgewichtsbetrachtungen

Galilei (1564–1642):

    Bewegungslehre, Fallgesetze

Kepler (1571–1630):

    Planetenbewegungen

Newton (1643–1727):

    Bewegungsgesetze

Familie Bernoulli (17.–18. Jh.):

    Analysis

1.2 Kräfte

Die Kraft ist der wichtigste Begriff der Statik, da alle Tragwerke von Kräften beansprucht werden. Obwohl man Kräfte nicht sehen kann, sind sie uns in ihrer Wirkung geläufig. Wenn wir Gegenstände aufheben oder tragen, spüren wir in unseren Muskeln die dazu erforderliche Kraft.

Stehen Körper unter einem Krafteinfluss, so verformen sie sich. Betrachten wir eine Feder, so ist es von unserer Anschauung aus ganz selbstverständlich, dass sie aufgrund einer Belastung – das Aufhängen eines Gewichtes – länger wird.

Abb. 1.1 Beanspruchung einer Federwaage

An diesem Beispiel erkennt man den Zusammenhang zwischen Verformung und Kraft. Dies tritt auch bei Belastung eines Trägers auf, der sich aufgrund einer Belastung durchbiegt.

Die **Kraft** ist durch drei Eigenschaften bestimmt:

- Betrag,
- Angriffspunkt,
- Richtung.

Der **Betrag** gibt die Größe der wirkenden Kraft an. Die durch den **Angriffspunkt** und die Richtung der Kraft bestimmte Gerade bezeichnet man als **Wirkungslinie** der Kraft. Als zeichnerisches Symbol für die Kraft benutzt man einen Pfeil. Der Pfeil fällt mit der Wirkungslinie zusammen, die Pfeilspitze definiert den Richtungssinn der Kraft. Die Länge des Pfeils gibt je nach Maßstab den Betrag der Kraft an.

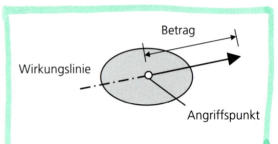

Abb. 1.2 Definition der Kraft

Die Gewichtskraft wirkt immer lotrecht als Folge der Erdanziehungskraft (Gravitation). Darunter versteht man die Eigenschaft zweier Körper, sich gegenseitig anzuziehen. Entsprechend dem Gravitationsgesetz definieren wir als Produkt der Masse eines Körpers m und der Erdbeschleunigung g die Gewichtskraft mit

$$G = m \cdot g.$$

Die mittlere Erdbeschleunigung beträgt g = 9,81 m/s².

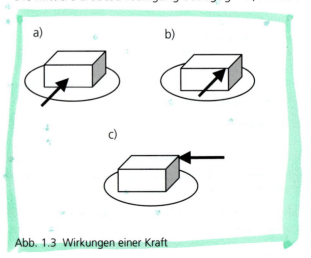

Abb. 1.3 Wirkungen einer Kraft

Betrachtet man eine Kiste auf einer glatten Unterlage, an der eine Kraft mit unterschiedlichen Angriffspunkten und unterschiedlichem Richtungssinn angreift, zeigt sich, dass die Kraft unterschiedliche Bewegungen verursacht. In Fall a) wird der Körper verschoben, in Fall b) und c) verdreht.

1.3 Dimensionen und Einheiten

In der Mechanik beschäftigt man sich mit den drei physikalischen Grundgrößen **Länge, Zeit** und **Masse**. Die Kraft ist im physikalischen Sinn eine abgeleitete Größe. Alle anderen Größen lassen sich hierdurch ausdrücken.

Um die physikalischen Größen wie die Länge L, die Zeit t, die Masse m und die Kraft F quantitativ erfassen zu können, bedient man sich der Einheiten nach dem **internationalen Einheitensystem SI** (Systeme International d'Unites) mit Meter [m], Sekunde [s], Kilogramm [kg] und Newton [N]. Die Kraft von 1 N erteilt einem Körper mit der Masse von 1 kg die Beschleunigung von 1 m/s², d.h.

$$1\,N = 1\,\frac{kg \cdot m}{s^2}.$$

Begriff	Einheit	Abkürzung
Länge L	Meter	m
Zeit t	Sekunde	s
Masse m	Kilogramm	kg
Kraft F	Newton	N

Oft ist es übersichtlicher, ein Vielfaches oder Teile der angegebenen Einheiten zu verwenden.

Länge: Kilometer [km]

Zentimeter [cm]

Millimeter [mm]

Umrechnungsbeispiele:

1 km = 1.000 m

1 cm = 0,01 m

1 mm = 0,001 m

Zeit: Stunde [h]

Minute [min]

Umrechnungsbeispiele:

1 h = 60 min

1 h = 3.600 s

Kraft: Kilonewton [kN]

Meganewton [MN]

Umrechnungsbeispiele:

1 kN = 1.000 N

1 MN = 1.000.000 N

1.4 Der starre Körper

Als starren Körper bezeichnet man einen Körper, der unter der Wirkung von Kräften keine Verformungen (Deformationen) erfährt, d.h. die gegenseitigen Abstände beliebiger Körperpunkte zueinander bleiben immer gleich. Dies stellt natürlich eine Idealisierung eines realen Körpers dar, die allerdings oft mit hinreichender Näherung erfüllt ist.

Ein deformierbarer Körper erleidet aufgrund einer Kraft Verformungen, die abhängig vom Kraftangriff sind, d.h., die verformte Struktur ist bei einer Druckbeanspruchung anders als bei einer Zugbeanspruchung. Beim starren Körper ist es hinsichtlich der Wirkung der Kraft gleichgültig, ob der Körper gezogen oder gedrückt wird.

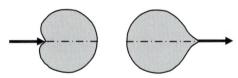

deformierbarer Körper

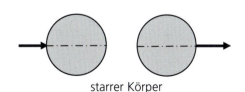

starrer Körper

Abb. 1.4 Deformierbarer und starrer Körper

Grundlagen der Statik

1.5 Axiome der Mechanik

Die Mechanik baut auf Erfahrungsgrundsätzen auf, die Axiome genannt werden. Die für die Statik wesentlichen werden vorgestellt. Isaac Newton wird als Begründer der Axiome der Mechanik angesehen.

Trägheitsaxiom

Jeder Körper verharrt in seinem Zustand der Ruhe oder der gleichförmigen geradlinigen Bewegung, solange er nicht durch einwirkende Kräfte gezwungen wird, diesen Zustand zu ändern.

Verschiebungsaxiom

Zwei Kräfte, die den gleichen Betrag, die gleiche Wirkungslinie und den gleichen Richtungssinn, jedoch verschiedene Angriffspunkte haben, üben auf einen starren Körper die gleiche Wirkung aus, d.h., sie sind gleichwertig. Der Kraftvektor darf längs der Wirkungslinie verschoben werden (Abb. 1.5).

Im mathematischen Sinne ist die **Kraft** ein **linienflüchtiger Vektor**.

Eine Parallelverschiebung von Kräften ändert die Wirkung auf den Körper jedoch wesentlich.

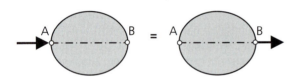

Abb. 1.5 Verschiebungsaxiom

Ein Körper vom Gewicht G kann mit einer Reaktionskraft F im Gleichgewicht gehalten werden, wenn man ihn geeignet – unterhalb seines Schwerpunktes – unterstützt. Verschiebt man die Kraft F parallel, so kommt es zu einer Drehwirkung und der Körper wird rotieren (Abb. 1.6).

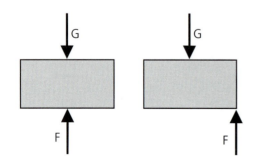

Abb. 1.6 Parallelverschiebung einer Kraft

Reaktionsaxiom

Wird von einem Körper auf einen zweiten eine Kraft ausgeübt (actio), so bedingt dies, dass der zweite Körper auf den ersten ebenfalls eine Kraft ausübt (reactio), die mit der ersten Kraft in Betrag und Wirkungslinie übereinstimmt, jedoch entgegengesetzt gerichtet ist.

actio = reactio

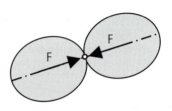

Abb. 1.7 Reaktionsaxiom

Dieser Grundsatz besagt, dass zu jeder Kraft immer eine Gegenkraft gehört, eine Kraft allein also nie existieren kann.

Parallelogrammaxiom

Die Wirkung zweier Kräfte F_1 und F_2 mit einem gemeinsamen Angriffspunkt ist gleichwertig der Wirkung einer einzigen Kraft R, deren Vektor sich als Diagonale des mit den Vektoren F_1 und F_2 gebildeten Parallelogramms ergibt und die den gleichen Angriffspunkt wie F_1 und F_2 hat.

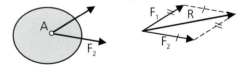

Abb. 1.8 Parallelogrammaxiom

1.6 Einteilung der Kräfte

Die Vorstellung einer **Einzelkraft**, die in einem Punkt angreift und längs einer Wirkungslinie wirkt, ist eine Idealisierung.

In der Natur sind Kräfte entweder auf ein Volumen – **Volumenkräfte** – oder auf eine Fläche – **Flächenkräfte** – verteilt. Die Gewichtskraft ist eine Volumenkraft. Jedes noch so kleine Teilchen des Gesamtvolumens hat ein bestimmtes Teilgewicht. Die Summe aller dieser Teilkräfte dG ergeben das Gesamtgewicht G. Flächenkräfte treten an Berührungsflächen zweier Körper auf.

Grundlagen der Statik

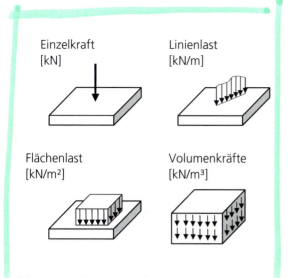

Abb. 1.9 Einteilung der Kräfte

Die inneren Kräfte wirken im Inneren eines Bauteils. Sie kann man sich nur durch gedankliches Durchschneiden des Körpers veranschaulichen, aus diesem Grund werden sie **Schnittgrößen** genannt.

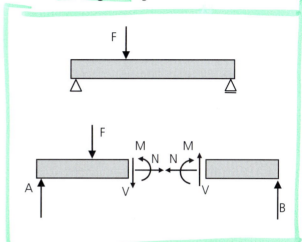

Abb. 1.11 Schnittgrößen

Als weitere Idealisierung wird in der Mechanik die Streckenlast – **Linienlast** – verwendet. Es handelt sich dabei um Kräfte, die entlang einer Linie kontinuierlich verteilt sind.

Kräfte können auch noch nach anderen Gesichtspunkten eingeteilt werden. Man unterscheidet **einwirkende Kräfte** und **Reaktionskräfte**.

Betrachten wir als Beispiel einen Balken auf zwei Stützen (Abb. 1.10), dann stellen wir fest, dass die einwirkende Kraft F an den Lagerpunkten die Reaktionskräfte A und B hervorruft.

Aus der Größe der inneren Kräfte werden nach den Regeln der Festigkeitslehre die Biegenormal- und Schubspannungen in den einzelnen Querschnitten ermittelt. Sie bilden ein Maß für die Materialbeanspruchung des Körpers und sind die Grundlage für die Querschnittsbemessung von Bauteilen.

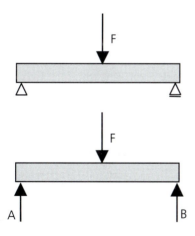

Abb. 1.10 Einwirkende Kraft und Reaktionskräfte

Eine weitere Unterteilung erfolgt durch den Begriff **äußere Kraft** und **innere Kraft**. Eine äußere Kraft wirkt von außen auf einen Bauteil.

2 Das zentrale Kraftsystem

2.1 Zusammensetzen und Zerlegen von Kräften eines ebenen, zentralen Kraftsystems

Einzelkräfte, die einen gemeinsamen Angriffspunkt haben bzw. deren Wirkungslinien durch einen gemeinsamen Punkt hindurchgehen, bezeichnet man als zentrale Kraftsysteme oder zentrale Kräftegruppen. Liegen alle Kräfte in einer Ebene, spricht man von einem ebenen Kraftsystem.

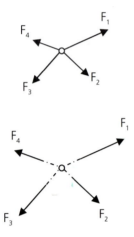

Abb. 2.1 Zentrales Kraftsystem

Die beiden zentralen Kraftsysteme der Abb. 2.1 sind gleichwertig, da eine Kraft ein linienflüchtiger Vektor ist und längs seiner Wirkungslinie verschoben werden kann, ohne seine Wirkung am starren Körper zu ändern.

Grafische Ermittlung der Resultierenden

Die Resultierende ersetzt die Kräfte eines zentralen Kraftsystems in ihrer Wirkung, d.h., alle angreifenden Kräfte sind gleichwertig der resultierenden Kraft.

Besteht das zentrale Kraftsystem aus zwei Kräften F_1 und F_2, wendet man das Parallelogrammaxiom an, zeichnet die Kräfte maßstäblich und erreicht durch Parallelverschieben der Wirkungslinien die Richtung und Größe der Resultierenden R.

Die Anwendung des Parallelogrammaxioms kann vereinfacht werden, indem die Kräfte maßstäblich in einen Kraftplan übertragen werden. Man beginnt mit einer Kraft, die zweite wird von der Pfeilspitze der ersten weg aufgetragen. Die Verbindungslinie vom Anfangspunkt der ersten Kraft bis zum Endpunkt der zweiten gibt die Richtung und Größe der **Resultierenden** an, wobei zu beachten ist, dass die Pfeilspitze der Resultierenden am Endpunkt der zweiten Kraft eingezeichnet wird. So entsteht ein **Krafteck**.

Die Reihenfolge beim Auftragen der Einzelkräfte ist frei wählbar, d.h., die Reihenfolge F_1 dann F_2 ist gleichwertig der Reihenfolge zuerst F_2 dann F_1.

Die geometrische Konstruktion entspricht der Vektoraddition.

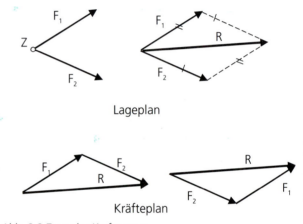

Abb. 2.2 Zentrales Kraftsystem

Besteht das zentrale Kraftsystem aus mehreren Einzelkräften, so kann schrittweise in gleicher Weise vorgegangen werden. Man erhält so einen **Kräfteplan**, der auch **Krafteck** genannt wird.

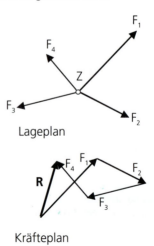

Abb. 2.3 Zentrales Kraftsystem mit 4 Kräften

Das zentrale Kraftsystem

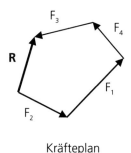

Kräfteplan

Abb. 2.4 Kräfteplan mit geänderter Reihenfolge

Auch bei mehreren Kräften ist das Ergebnis unabhängig von der Reihenfolge des Auftragens der Einzelkräfte (Abb. 2.4).

Zerlegen einer Kraft in zwei vorgegebene Richtungen

Ähnlich wie man Kräfte zusammensetzen kann, kann man sie auch zerlegen. Will man eine Kraft R durch zwei Kräfte mit den vorgegebenen Wirkungslinien f_1 und f_2 ersetzen, so zeichnet man ein Kräftedreieck, indem man durch den Anfangs- und Endpunkt von R je eine der vorgegebenen Richtungen legt. Aus dem Krafteck folgen eindeutig die gesuchten Kräfte F_1 und F_2 nach Betrag und Richtungssinn.

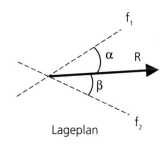

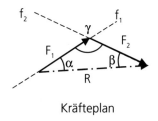

Kräfteplan

Abb. 2.5 Kraftzerlegung in zwei Richtungen

In der Ebene ist die Zerlegung einer Kraft in zwei verschiedene Richtungen eindeutig möglich.

Rechnerisch kann man die Größe der beiden Kräfte mit dem Sinussatzes ermitteln.

$$\gamma = 180° - \alpha - \beta$$

$$\frac{F_1}{R} = \frac{\sin\beta}{\sin\gamma} \quad \text{bzw.} \quad \frac{F_2}{R} = \frac{\sin\alpha}{\sin\gamma}$$

$$\Rightarrow F_1 = \frac{\sin\beta}{\sin\gamma} \cdot R \qquad F_2 = \frac{\sin\alpha}{\sin\gamma} \cdot R$$

Rechnerische Ermittlung der Resultierenden

Betrachten wir ein Kraftsystem in einer Ebene, entspricht die rechnerische Ermittlung einer Resultierenden von 2 Kräften der **Vektoraddition** mit

$$\mathbf{R} = \mathbf{F}_1 + \mathbf{F}_2 ,$$

wobei Vektoren in diesem Kapitel durch Fettdruck gekennzeichnet werden.

Wirken n Kräfte auf einen Körper mit gleichem Angriffspunkt, so bilden wir die Vektorsumme aller n Kräfte:

$$\mathbf{R} = \mathbf{F}_1 + \mathbf{F}_2 + \ldots + \mathbf{F}_n = \sum \mathbf{F}_i$$

In der Praxis ist es üblich, Kräfte in einem kartesischen Koordinatensystem darzustellen. Dabei zerlegt man beispielhaft eine Kraft gemäß Abb. 2.6 in die Komponenten in den Koordinatenrichtungen, in diesem Fall die x- und die y-Achse.

Mit den Einheitsvektoren $\mathbf{e}_x$ und $\mathbf{e}_y$ lassen sich die Kraftkomponenten als

$$\mathbf{F}_x = F_x \mathbf{e}_x \quad \text{und}$$

$$\mathbf{F}_y = F_y \mathbf{e}_y$$

schreiben. Darin sind F_x und F_y die Koordinaten des Vektors **F**.

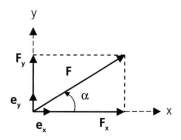

Abb. 2.6 Kraftzerlegung

Statik 1

Das zentrale Kraftsystem

Aus der Geometrie ergeben sich die **Komponenten der Kraft**

$$F_x = F \cdot \cos\alpha \quad \text{und} \quad F_y = F \cdot \sin\alpha.$$

Die **Größe der Kraft** kann nach der Formel von Pythagoras aus den Kraftkomponenten berechnet werden:

$$F = \sqrt{F_x^2 + F_y^2}.$$

Nun fehlt nur noch die **Neigung der Kraft**, die mit

$$\tan\alpha = \frac{F_y}{F_x}$$

angegeben werden kann.

Will man mehrere Einzelkräfte zu einer Resultierenden zusammenfassen, so können in diesem Fall die Komponenten der Einzelkräfte summiert werden:

$$R_x = F_{x1} + F_{x2} + F_{x3} + \ldots + F_{xn} = \sum F_x$$

$$R_y = F_{y1} + F_{y2} + F_{y3} + \ldots + F_{yn} = \sum F_y$$

Die Größe und Neigung der Resultierenden erhalten wir mit

$$R = \sqrt{R_x^2 + R_y^2} \quad \text{und} \quad \tan\alpha = \frac{R_y}{R_x}.$$

Beispiel 1: Resultierende eines ebenen, zentralen Kraftsystems

Gegeben:

Kräfte mit ihrer Größe und den dazugehörigen Richtungen α_i.

i	1	2	3	4	5
F [N]	300	420	270	350	500
α [°]	0	60	135	225	270

Es ist zu beachten, dass die Winkelangaben auf die positive x-Achse bezogen werden.

Gesucht:

Resultierende der Kräfte, rechnerisches und grafisches Verfahren.

Grafische Lösung

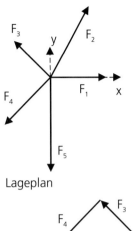

Lageplan

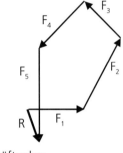

Kräfteplan

Abb. 2.7 Lage- und Kräfteplan – Beispiel 1

Rechnerische Ermittlung der Resultierenden

Die Komponenten der Einzelkräfte werden tabellarisch ermittelt:

$$F_{xi} = F_i \cos\alpha_i \quad \text{und} \quad F_{yi} = F_i \sin\alpha_i$$

Die Kraftgrößen sind in [N] angegeben. Die negativen Werte verdeutlichen, dass die Kraftkomponente in die negative Koordinatenachse zeigt.

i	1	2	3	4	5
F_{xi}	300,0	210,0	–190,9	–247,5	0
F_{yi}	0	363,7	190,9	–247,5	–500,0

Kraftkomponenten der Resultierenden

$$R_x = \sum F_{xi} = 71{,}6\,\text{N} \quad R_y = \sum F_{yi} = -192{,}8\,\text{N}$$

Das zentrale Kraftsystem

Richtung und Größe der Resultierenden

$$R = \sqrt{R_x^2 + R_y^2} = 205{,}7\,N$$

$$\alpha = \arctan\frac{R_y}{R_x} = -69{,}6°$$

Das negative Vorzeichen bei α bedeutet, dass der Winkel von der positiven x-Achse aus nach unten, im Uhrzeigersinn aufgetragen wird. Eine andere Möglichkeit ist es, den Komplementärwinkel mit

$$\beta = 360° - \alpha = 290{,}4°$$

anzugeben.

2.2 Gleichgewicht eines ebenen zentralen Kraftsystems

Wann befindet sich ein Körper im Gleichgewicht? Aus Erfahrung wissen wir, dass ein ursprünglich ruhender Körper in Ruhe bleibt, wenn wir an ihm zwei entgegengesetzt gerichtete, gleich große Kräfte auf gleicher Wirkungslinie anbringen.

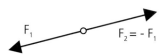

Abb. 2.8 – Gleichgewicht zweier Kräfte

> **Zwei Kräfte sind im Gleichgewicht, wenn sie auf der gleichen Wirkungslinie liegen, entgegengesetzt gerichtet und betragsmäßig gleich groß sind.**

Das bedeutet, dass die Vektorsumme der beiden Kräfte null sein muss, d.h.

$$\mathbf{R} = \mathbf{F_1} + \mathbf{F_2} = 0.$$

Diese Gleichgewichtsbedingung kann sofort auf beliebig viele Kräfte in der Ebene ausgedehnt werden.

$$\mathbf{R} = \sum \mathbf{F_i} = 0$$

Geometrisch bedeutet das, dass das Krafteck geschlossen sein muss. Eine Kräftegruppe, die dieser Gleichgewichtsbedingung genügt, bezeichnet man als **Gleichgewichtsgruppe** bzw. **Gleichgewichtssystem.**

Sind 4 Kräfte eines zentralen Kraftsystems gegeben, kann im Kräfteplan jene Kraft G ermittelt werden, die notwendig ist, damit das System im Gleichgewicht steht (Abb. 2.9).

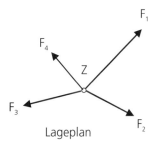

Lageplan

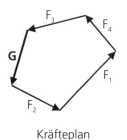

Kräfteplan

Abb. 2.9 Gleichgewichtsgruppe

Somit ist die resultierende Kraft dann null, wenn ihre einzelnen Komponenten verschwinden

$$\sum X_i = 0 \qquad \sum Y_i = 0$$

> **Ein ebenes zentrales Kraftsystem ist dann im Gleichgewicht, wenn der von den Kraftvektoren gebildete Polygonzug ein geschlossenes Vieleck ist.**

Beispiel 2: Gleichgewicht eines zentralen, ebenen Kraftsystems

Gegeben:

Zentrales Kraftsystem mit 4 Kräften, die durch ihre Komponenten in x- und y-Richtung gegeben sind.

i	1	2	3	4
F_{xi} [kN]	+0,0	+3,0	+2,0	–2,0
F_{yi} [kN]	+4,0	–2,0	+4,0	–3,0

Das zentrale Kraftsystem

Gesucht:

Kraft P, die mit diesen Kräften ein Gleichgewichtssystem bildet (grafische und rechnerische Lösung).

Kraftkomponenten der Resultierenden

$R_x = \sum F_{xi} = 3{,}0\,kN \quad R_y = \sum F_{yi} = 3{,}0\,kN$

Kraftkomponenten der Gleichgewichtskraft

$P_x = -R_x = -3{,}0\,kN \quad P_y = -R_y = -3{,}0\,kN$

Richtung und Größe der Gleichgewichtskraft

$P = \sqrt{P_x^2 + P_y^2}, \quad \alpha = \arctan\dfrac{P_y}{P_x}$

$\Rightarrow \quad P = 4{,}24\,kN$

$\alpha = 180° + 45° = 225°$

Da beide Kraftkomponenten negativ sind, werden die Kraftkomponenten jeweils in die negativen Kraftrichtungen aufgetragen. Daraus ergibt sich der Winkel von 225°.

Grafische Lösung

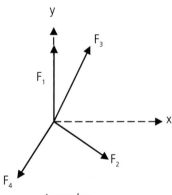

Lageplan

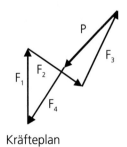

Kräfteplan

Abb. 2.10 Gleichgewichtskraft von 4 Kräften

Beispiel 3: Stützkonstruktion einer Seilrolle

Gegeben:

Die Seilrolle eines einfachen Aufzuges wird von zwei Stäben gehalten.

Seilkräfte: $S_1 = 400\,N$ und $S_2 = 400\,N$

Geometrie: $\alpha = 70°$ und $\beta = 40°$

Gesucht:

Wie groß sind die Kräfte F_1 und F_2 in der Stützkonstruktion, wenn Gleichgewicht vorausgesetzt wird?

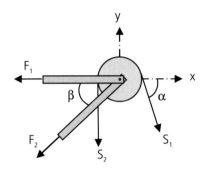

Abb. 2.11 Seilrolle

Wir wenden das Schnittprinzip an, indem wir die Stäbe gedanklich durchschneiden und die unbekannten Stützkräfte ansetzen.

Gleichgewichtsbedingungen

Als Ergebnis der Gleichgewichtsbedingungen erhalten wir die Stützkräfte F_1 und F_2.

$\sum X = 0 : S_1 \cdot \cos\alpha - F_1 - F_2 \cdot \cos\beta = 0$

$\sum Y = 0 : -S_1 \cdot \sin\alpha - S_2 - F_2 \cdot \sin\beta = 0$

$\Rightarrow F_1 = 1061{,}4\,N \quad F_2 = -1207{,}1\,N$

Grafische Lösung

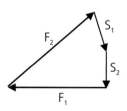

Abb. 2.12 Kräfteplan Seilrolle

Das Krafteck muss geschlossen sein, damit ein Gleichgewichtszustand sichergestellt werden kann.

2.3 Zerlegen und Zusammensetzen von räumlichen Kraftvektoren

Bauwerke sind stets räumliche Tragsysteme. In den meisten Fällen kann jedoch anstelle der räumlichen Betrachtung eine Idealisierung in der Ebene vorgenommen werden.

Für jene Fälle, in denen der räumliche Zusammenhang untersucht werden muss, soll nun die Behandlung der Kräfte und Momente im Raum gezeigt werden, indem alle Festlegungen eines ebenen, zentralen Kraftsystems auf die dritte Dimension erweitert werden.

Zerlegen wir eine Kraft F im Raum in die Komponenten der drei Koordinatenachsen des räumlichen kartesischen Koordinatensystems, so erhalten wir

$$F_x = F \cdot \cos\varphi_x,$$
$$F_y = F \cdot \cos\varphi_y,$$
$$F_z = F \cdot \cos\varphi_z.$$

Mit φ_x ist der Winkel zwischen der Kraft und der positiven x-Achse gemeint. Bei den beiden anderen Winkelangaben φ_y und φ_z ist die Neigung zur positiven y- bzw. z-Achse gemeint.

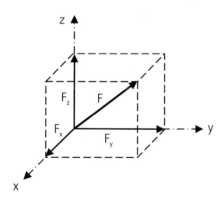

Abb. 2.13 Kraft im Raum

Man erhält so die Komponenten:

$$F_x = F \cdot \cos\varphi_x$$
$$F_y = F \cdot \cos\varphi_y$$
$$F_z = F \cdot \cos\varphi_z$$

Geometrisch entsprechen diese drei Komponenten in den drei Koordinatenachsen den Kanten eines Quaders, der den Kraftvektor umhüllt.

> **Eine Kraft im Raum kann eindeutig durch die drei Komponenten F_x, F_y und F_z bestimmt werden.**

Dazu betrachten wir die Projektion der räumlichen Kraft in die einzelnen Betrachtungsebenen. In Abb. 2.14 sind die Projektionsebenen, die jeweils durch zwei Koordinatenachsen aufgespannt sind, dargestellt. In dieser ebenen Betrachtung können die Komponenten der Kraft direkt abgelesen werden.

Die Winkel φ_x, φ_y und φ_z werden zwischen der Kraft F und der positiven Koordinatenachse aufgespannt.

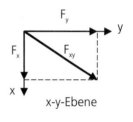

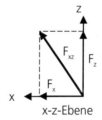 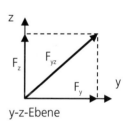

Abb. 2.14 Kraftzerlegung in die Komponenten

In ähnlicher Weise wie bei einem ebenen Kraftsystem können auch bei einem räumlichen Kräftesystem die resultierenden Kraftkomponenten durch Aufsummieren ermittelt werden:

$$R_x = \Sigma F_{ix}, \quad \Sigma F_{ix} = \Sigma F_i \cdot \cos\varphi_{ix},$$
$$R_y = \Sigma F_{iy}, \quad \Sigma F_{iy} = \Sigma F_i \cdot \cos\varphi_{iy},$$
$$R_z = \Sigma F_{iz}, \quad \Sigma F_{iz} = \Sigma F_i \cdot \cos\varphi_{iz}.$$

Daraus ergibt sich die Größe der Gesamtresultierenden

$$R = \sqrt{R_x^2 + R_y^2 + R_z^2}.$$

Das zentrale Kraftsystem

Die Wirkungslinie der Resultierenden muss durch den Schnittpunkt der Wirkungslinien aller angreifenden Kräfte hindurchgehen. Die Richtung im Raum wird durch die drei Winkel

$$\varphi_x = \frac{R_x}{R},$$

$$\varphi_y = \frac{R_y}{R},$$

$$\varphi_z = \frac{R_z}{R}$$

festgelegt, wobei als Kontrolle

$$\cos^2 \varphi_x + \cos^2 \varphi_y + \cos^2 \varphi_z = 1$$

herangezogen werden kann.

Die Gleichgewichtsbedingungen eines räumlichen Kräftesystems sind erfüllt, wenn die Resultierende 0 ist. Dies gilt auch für die Komponenten der Resultierenden

$$R_x = \sum F_{ix} = \sum F_i \cdot \cos \varphi_{ix} = 0,$$

$$R_y = \sum F_{iy} = \sum F_i \cdot \cos \varphi_{iy} = 0,$$

$$R_z = \sum F_{iz} = \sum F_i \cdot \cos \varphi_{iz} = 0.$$

Will man sich die Berechnung der einzelnen Winkel φ_i sparen, kann die Ermittlung der Resultierenden und das Lösen der Gleichgewichtsbedingungen in Vektor- bzw. Matrizenform angeschrieben werden. Dies wird anhand eines Berechnungsbeispiels erläutert.

Beispiel 4: Dreibein

Gegeben:

Eine Kraft F greift an einem Dreibein an. Die Geometrie ist durch die Koordinatenpunkte des Kraftangriffspunktes und der Verankerungspunkte gegeben.

Alle angegebenen Werte orientieren sich an dem in Abb. 2.15 dargestellten Koordinatensystem.

Die angreifende Kraft ist durch ihre Komponenten als Vektor gegeben:

$$F = \begin{bmatrix} 20 \\ 5 \\ -45 \end{bmatrix} kN$$

Koordinaten der Punkte:

$$a = \begin{bmatrix} 3 \\ 1 \\ 0 \end{bmatrix} m, \; b = \begin{bmatrix} 5 \\ 5 \\ 0 \end{bmatrix} m, \; c = \begin{bmatrix} 0 \\ 4 \\ 3 \end{bmatrix} m, \; d = \begin{bmatrix} 3 \\ 4 \\ 4 \end{bmatrix} m$$

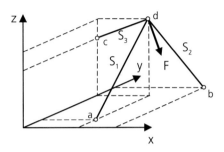

Abb. 2.15 Dreibein

Gesucht:

Stabkräfte S_1, S_2 und S_3.

Schnittprinzip:

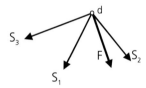

Abb. 2.16 Schnittprinzip Dreibein

Gleichgewichtsbedingung

$$\sum F_i = S_1 + S_2 + S_3 + F = 0$$

Die Gleichgewichtsbedingung kann auch als Summe der Produkte der noch unbekannten Beträge der Stabkräfte mal den dazugehörigen Richtungsvektoren der einzelnen Kräfte ausgedrückt werden:

$$\overline{S}_1 \cdot n_1 + \overline{S}_2 \cdot n_2 + \overline{S}_3 \cdot n_3 + F = 0.$$

Diese Richtungsvektoren erhält man, indem man die Differenz der Koordinaten der Lagerungspunkte zum Kraftangriffspunkt d bildet:

$$n_1 = \begin{bmatrix} 3-3 \\ 1-4 \\ 0-4 \end{bmatrix} = \begin{bmatrix} 0 \\ -3 \\ -4 \end{bmatrix}$$

$$\mathbf{n}_2 = \begin{bmatrix} 2 \\ 1 \\ -4 \end{bmatrix}$$

$$\mathbf{n}_3 = \begin{bmatrix} -3 \\ 0 \\ -1 \end{bmatrix}$$

Daraus folgt die **Gleichgewichtsbedingung**

$$\overline{S}_1 \cdot \begin{bmatrix} 0 \\ -3 \\ -4 \end{bmatrix} + \overline{S}_2 \cdot \begin{bmatrix} +2 \\ +1 \\ -4 \end{bmatrix} + \overline{S}_3 \cdot \begin{bmatrix} -3 \\ 0 \\ -1 \end{bmatrix} + \begin{bmatrix} +20 \\ +5 \\ -45 \end{bmatrix} = 0.$$

Das Gleichungssystem kann in Matrixschreibweise mit

$$\begin{bmatrix} +0 & +2 & -3 \\ -3 & +1 & +0 \\ -4 & -4 & -1 \end{bmatrix} \cdot \begin{bmatrix} \overline{S}_1 \\ \overline{S}_2 \\ \overline{S}_3 \end{bmatrix} = \begin{bmatrix} -20 \\ -5 \\ +45 \end{bmatrix}$$

angeschrieben werden.

Die Lösung der Multiplikationsfaktoren erfolgt z.B. durch Anwendung des Gauß'schen Eliminationsverfahrens, das hier nicht im Detail erläutert wird. Mit der Lösung

$$\begin{bmatrix} \overline{S}_1 \\ \overline{S}_2 \\ \overline{S}_3 \end{bmatrix} = \begin{bmatrix} -1{,}57 \\ -9{,}72 \\ +0{,}18 \end{bmatrix}$$

können die gesuchten Kraftvektoren

$$\mathbf{S}_1 = \begin{bmatrix} S_{1x} \\ S_{1y} \\ S_{1z} \end{bmatrix} = -1{,}57 \cdot \begin{bmatrix} +0 \\ -3 \\ -4 \end{bmatrix}$$

$$\mathbf{S}_2 = -9{,}72 \cdot \begin{bmatrix} +2 \\ +1 \\ -4 \end{bmatrix}$$

$$\mathbf{S}_3 = 0{,}18 \cdot \begin{bmatrix} -3 \\ +0 \\ -1 \end{bmatrix}$$

und letztendlich die Beträge der Kräfte berechnet werden:

$$\Rightarrow S_1 = -1{,}57 \cdot \sqrt{25} = -7{,}85 \text{ kN}$$

$$\Rightarrow S_2 = -9{,}72 \cdot \sqrt{21} = -44{,}54 \text{ kN}$$

$$\Rightarrow S_3 = +0{,}18 \cdot \sqrt{10} = +0{,}57 \text{ kN}$$

Der positiv Wert von S_3 bedeutet, dass die Stabkraft eine Zugkraft ist, die negativen Werte von S_1 und S_2 sind Druckkräfte.

2.4 Aufgaben zu Kapitel 2

Aufgabe 1: Ebenes Kraftsystem

An einem Punkt greifen 3 Kräfte eines zentralen Kraftsystems an:

$F_1 = 2,5$ kN,

$F_2 = 4,0$ kN,

$F_3 = 3,0$ kN.

Ermitteln Sie die Resultierende der 3 Kräfte zeichnerisch und rechnerisch.

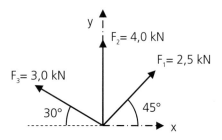

Aufgabe 2: Haltebock

Auf einen Haltebock bestehend aus zwei Stäben wirkt eine schräge Kraft mit $F = 18$ kN.

Wie groß sind die Kräfte in den Stäben S_1 und S_2?

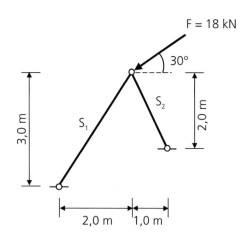

Aufgabe 3: Karren

Ein Karren wird von 2 Personen gezogen. Die resultierende Zugkraft wirkt in der x-Achse mit einer Größe von $R = 1.200$ N.

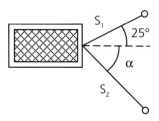

Wie groß sind die beiden Seilkräfte mit $\alpha = 45°$?

Wie groß muss der Winkel α gewählt werden, damit die Seilkraft S_2 minimal wird?

Aufgabe 4: Lampe

Eine Lampe mit einem Gewicht von $G = 480$ N hängt an einem Seil. Die Seilkräfte S_1 und S_2 sind für eine Neigung von $\alpha = 45°$ zu ermitteln.

Wie groß muss der Winkel α gewählt werden, damit die Seilkräfte S_1 und S_2 gleich groß wie G werden?

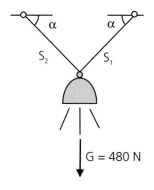

Das zentrale Kraftsystem

Aufgabe 5: Dachsparren

Auflagerdetail eines Dachsparrens:

Kraft im Sparren S = 28 kN, Neigung α = 40°

Wie groß sind die Auflagerkraft A und die Kraft im Bundtram Z (Zugstab)?

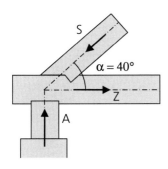

Aufgabe 6: Aufhängung einer Rolle

Eine Rolle mit einem Gewicht G = 15 kN und einem Durchmesser von 2,0 m ist an einem Stahlseil mit der Länge L = 2,5 m an einer Wand befestigt.

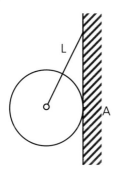

Wie groß ist die Seilkraft S und mit welcher Kraft drückt die Rolle im Punkt A gegen die Wand?

Aufgabe 7: Sendemast

Ein Mast wird mit drei Seilen abgespannt. Die Seilkraft S_1 ist gegeben. Die Geometrie ist durch die Koordinaten der Seilverankerungspunkte und der Mastspitze definiert.

Berechnen Sie die Kraft im Mast M und die Seilkräfte S_2 und S_3, wobei die Resultierende in Richtung des Mastes zeigt.

$$S_1 = 5 \text{ kN},$$

$$a = \begin{bmatrix} +20 \\ -30 \\ 0 \end{bmatrix} \text{m}, \quad b = \begin{bmatrix} +20 \\ +30 \\ 0 \end{bmatrix} \text{m},$$

$$c = \begin{bmatrix} -45 \\ 0 \\ 0 \end{bmatrix} \text{m}, \quad d = \begin{bmatrix} 0 \\ 0 \\ +50 \end{bmatrix} \text{m}$$

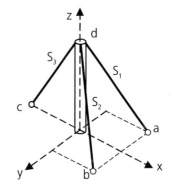

Statik 1

3 Allgemeines ebenes Kraftsystem

3.1 Kräftepaar, Moment

Allgemeine Kraftsysteme sind Kräftegruppen, bei denen sich die Wirkungslinien der Kräfte nicht in einem Punkt schneiden.

Die Bewegungsmöglichkeiten eines Körpers in der Ebene sind Verschiebungen und Drehungen. Die Ursache einer Verschiebung ist eine Kraft, die Ursache einer Verdrehung ist ein Kräftepaar.

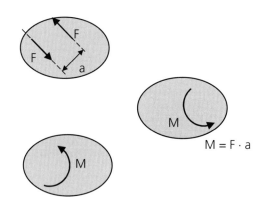

Abb. 3.2 Moment

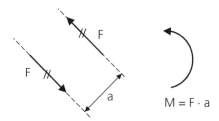

Abb. 3.1 Kräftepaar

Ein **Kräftepaar** besteht aus zwei gleich großen, entgegengesetzt gerichteten Kräften auf zwei parallelen Wirkungslinien. Es lässt sich nicht durch eine Resultierende ersetzen.

Für die Drehwirkung von Kräften wird der Begriff **Drehmoment** oder auch **Moment** verwendet. Die beiden Darstellungen in Abb. 3.1 sind in ihrer Wirkung auf einen Körper identisch. Die Drehachse des Momentes steht senkrecht zur Betrachtungsebene.

> **Kräftepaar**
> - **2 parallele Kräfte**
> - **gleich groß**
> - **entgegengesetzt gerichtet**
> - **parallele Wirkungslinien**

Entsprechend der Definition des Momentes ist die **Einheit** das Produkt einer Kraft- mit einer Längeneinheit, z.B. **Nm, kNm** oder **kNcm**.

Ein Kräftepaar kann in seiner Ebene beliebig verschoben werden, ohne dass sich die Wirkung auf einen Körper ändert (Abb. 3.2), d.h. unabhängig des Bezugspunktes.

Als Beispiel betrachten wir ein Kräftepaar und variieren den Bezugspunkt für die Bestimmung des Momentes.

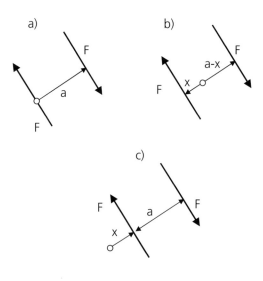

Abb. 3.3 Kräftepaar mit Variation des Bezugspunktes

Es folgt daraus:

(a) $M = F \cdot a$

(b) $M = F \cdot (a - x) + F \cdot x$

(c) $M = F \cdot (a + x) - F \cdot x$

Allgemeines ebenes Kraftsystem

Für alle drei Fälle resultiert das gleich große Moment mit

$M = F \cdot a$.

In den Beispielen nach Abb. 3.4 werden die Größen der beiden Kräfte F und der Normalabstand zwischen den beiden Kräften a so variiert, dass sich jeweils das gleich große Moment ergibt.

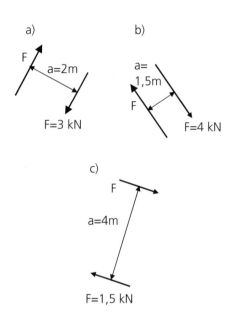

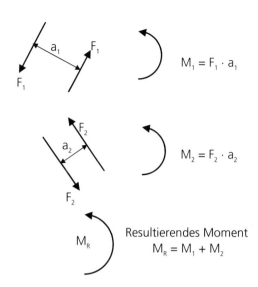

Abb. 3.4 Kräftepaare mit gleicher Wirkung

Moment eines Kräftepaares

(a) $M = 3{,}0 \cdot 2{,}0 = 6$ kNm

(b) $M = 4{,}0 \cdot 1{,}5 = 6$ kNm

(c) $M = 1{,}5 \cdot 4{,}0 = 6$ kNm

Greifen an einem starren Körper mehrere Kräftepaare an, so kann man sie zu einem **resultierenden Kräftepaar** mit dem Moment M_R zusammenfassen.

Die einzelnen Momente werden unter Beachtung des Drehsinns algebraisch addiert:

$M_R = \sum M_i$

Eine resultierende Kraft ist nicht vorhanden, da sich die beiden Kräfte eines Kräftepaares jeweils gegenseitig in ihrer Kraftwirkung aufheben.

Abb. 3.5 Resultierendes Moment

Das **Moment einer Kraft** in Bezug auf einen Punkt ist das Produkt aus dem Betrag der Kraft und dem senkrechten Abstand ihrer Wirkungslinie (Normalabstand) zum Bezugspunkt

$M_0 = F \cdot a$,

wobei der Abstand a auch Hebelsarm genannt wird. Zur eindeutigen Definition des Momentes sind die **Größe** und der **Drehsinn** zu beachten.

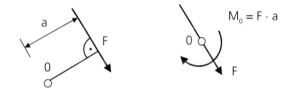

Abb. 3.6 Moment einer Kraft

Durch Parallelverschieben der Kraft F muss im Bezugspunkt 0 sowohl die Kraft F als auch das Moment M_0 angegeben werden.

> **Moment einer Kraft**
> **= Kraft x Hebelsarm**

Betrachten wir drei Kräfte eines allgemeinen Kraftsystems (Abb. 3.7) und ermitteln die resultierende Kraft R und das resultierende Moment M_0 bezüglich des Punktes 0.

Statik 1

Allgemeines ebenes Kraftsystem

Zuerst wird ein positiver Drehsinn für die Momentenwirkung festgelegt, z.B. gegen den Uhrzeigersinn.

Das Moment, das in diesem Beispiel diese Kräfte bezüglich des Punktes 0 bewirken, resultiert aus der Größe der einzelnen Kräfte multipliziert mit den dazugehörigen Normalabständen zum Bezugspunkt mit

$$M_0 = F_1 \cdot a_1 + F_2 \cdot a_2 - F_3 \cdot a_3.$$

Die resultierende Kraft R erhalten wir wie beim zentralen Kraftsystem durch Vektoraddition. Bzw. wir bilden die Komponenten der Kräfte in x- und y-Richtung, summieren diese auf und erhalten so den Betrag und die Richtung der Resultierenden:

$$R_x = \sum R_{xi}$$

$$R_y = \sum R_{yi}$$

$$R = \sqrt{R_x^2 + R_y^2}$$

$$\tan \alpha = \frac{R_y}{R_x}$$

Ein anderer Lösungsweg besteht darin, zuerst die Größe und Lage der Resultierenden zu ermitteln. Weiters wird der Abstand der Resultierenden zum Bezugspunkt festgestellt. Durch Parallelverschiebung der Wirkungslinie der Resultierenden durch den Bezugspunkt wird letztendlich das Moment

$$M_0 = R \cdot a_R$$

berechnet.

Zur Verdeutlichung der Wirkung einer Kraft und eines Momentes stellen wir uns eine Drehtüre in verschiedenen Stellungen und Lastbeanspruchungen in der Draufsicht vor (Abb. 3.8). Die Verankerung der Türe ist im Drehmittelpunkt.

In Fall a) und b) wird nur von einer Person eine Kraft auf die Tür ausgeübt, bei den anderen beiden Fällen sind es jeweils zwei Personen.

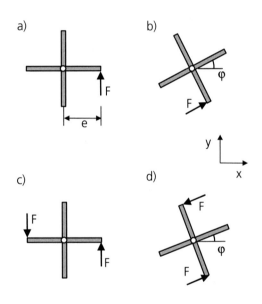

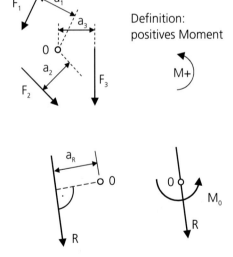

Abb. 3.7 Resultierende Kraft und resultierendes Moment

Abb. 3.8 Drehtüre

Für alle vier Fälle wird die resultierende Kraft in x- und y-Richtung und das resultierende Moment bezogen auf den Drehmittelpunkt angegeben.

(a) $R_x = 0$ $R_y = F$ $M = F \cdot e$

(b) $R_x = F \cdot \cos\varphi$ $R_y = F \cdot \sin\varphi$ $M = F \cdot e$

(c) $R_x = 0$ $R_y = 0$ $M = 2F \cdot e$

(d) $R_x = 0$ $R_y = 0$ $M = 2F \cdot e$

> **Die Summe der Momente mehrerer Kräfte bezüglich eines Bezugspunktes ist gleich dem Moment der Resultierenden:**
>
> $$M_0 = \sum F_i \cdot a_i = R \cdot a_R$$

Man erkennt, dass bei einseitiger Krafteinwirkung sowohl eine Kraft als auch ein Moment entstehen. Die Richtung der resultierenden Kraft hängt von der Stellung der Türe in Abhängigkeit des Winkels φ ab. Bei beidseitig gegengleicher Krafteinwirkung resultiert lediglich das Moment.

Grafische Ermittlung der Resultierenden eines allgemeinen ebenen Kraftsystems

Für das allgemeine Kraftsystem kann die Ermittlung der Resultierenden sukzessive erfolgen. Zuerst wird aus zwei Einzelkräften eine Teilresultierende gebildet. Danach bringt man diese Kraft mit einer weiteren Einzelkraft zum Schnitt. So setzt man fort, bis man die Gesamtresultierende erhält. Dies setzt aber voraus, dass zwei Kräfte einen gemeinsamen Schnittpunkt haben.

beiden Zusatzkräfte sind auf den starren Körper wirkungslos, da sie sich gegenseitig aufheben. So kann man wiederum eine Resultierende bilden und wie im ersten Fall vorgehen.

Nachteil dieser schrittweisen Bildung von Teilresultierenden ist oft, dass Schnittpunkte zweier Wirkungslinien auf dem Zeichenblatt ungünstig liegen und diese Vorgangsweise sehr aufwendig ist.

Als elegantes Verfahren zur grafischen Ermittlung der Resultierenden eines allgemeinen Kraftsystems wurde das sogenannte **Seileckverfahren** ermittelt. Es ist auch bei parallel wirkenden Einzelkräften anwendbar.

Die Vorgangsweise wird anhand von Abb. 3.11 im Detail erläutert. Ausgangsbasis ist ein allgemeines Kraftsystem mit den drei Kräften F_1, F_2 und F_3 mit ihrer Lage in der Ebene (Lageplan).

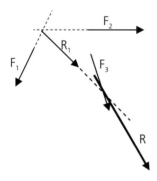

Abb. 3.9 Resultierende dreier Kräfte

Ganz so einfach wird dieses Verfahren nicht, wenn man die Resultierende aus Kräften auf parallelen Wirkungslinien grafisch ermitteln will.

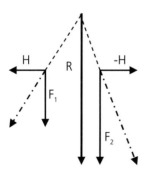

Abb. 3.10 Resultierende paralleler Kräfte

In diesem Fall ergänzt man das allgemeine Kraftsystem mit zwei Kräften, die auf derselben Wirkungslinie liegen, aber entgegengesetzt gerichtet sind, d.h., diese

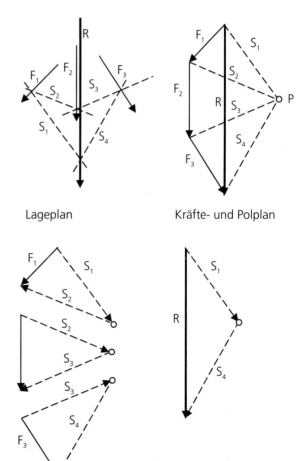

Abb. 3.11 Resultierende dreier Kräfte

Allgemeines ebenes Kraftsystem

Seileckverfahren

- **Schritt 1:** Zeichnen des Kraftplans und Bildung der Resultierenden
- **Schritt 2:** Festlegung eines beliebigen Bezugspunktes, der auch Pol (P) genannt wird.
- **Schritt 3:** Die Polstrahlen sind die Verbindungslinien vom Pol zu den Anfangs- und Endpunkten der Einzelkräfte und repräsentieren eine Kraftzerlegung einer Einzelkraft in zwei Wirkungsrichtungen.
- **Schritt 4:** Übertragung bzw. Parallelverschiebung der Polstrahlen in den Lageplan, dort werden sie Seilstrahlen genannt. Die zu einer Kraft gehörenden Seilstrahlen schneiden einander auf der Wirkungslinie dieser Kraft. Die so entstandene Figur wird Seileck genannt, da sich ein Seil aufgrund der hier angegebenen Belastung entsprechend der polygonalen Seilform ausbilden würde.
- **Schritt 5:** Der Schnittpunkt des ersten und letzten Polstrahles ergibt einen Punkt, durch den die Wirkungslinie der Gesamtresultierenden hindurchgeht.

Beispiel 1: Kraft und Moment

Gegeben:

Auf einen Baukörper wirken zwei parallele Kräfte.

$F_1 = 950$ N $\qquad F_2 = 700$ N

Abstand zwischen den beiden Kräften:

$b = 0{,}90$ m

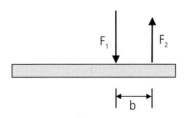

Abb. 3.12 Balken unter Einwirkung paralleler Kräfte

Gesucht:

Größe und Lage der Resultierenden F (rechnerische und grafische Ermittlung).

Rechnerische Lösung

Aus der Vektoraddition der vertikalen Kräfte folgt

$F = F_1 - F_2 = 250$ N.

Aufgrund des positiven Vorzeichens von F erkennen wir, dass die Kraft F in Richtung von F_1 wirken muss.

Für die Berechnung vom Abstand x muss nach dem Hebelgesetz die Momentengleichheit gelten. Als Bezugspunkt wird der Kraftangriffspunkt von F_1 angenommen und es folgt

$F_2 \cdot b = F \cdot x$

$\Rightarrow x = 2{,}52$ m.

Grafische Lösung

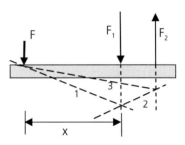

Lageplan

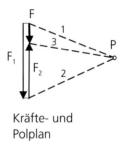

Kräfte- und Polplan

Abb. 3.13 Resultierende zweier Kräfte

Aus dem Lageplan übernehmen wir die Kräfte F_1 und F_2 in den Kraftplan und bilden die Resultierende F. Wir wählen einen Pol P und zeichnen die Polstrahlen 1, 2 und 3.

Durch Parallelverschieben der Polstrahlen in den Lageplan erhalten wir im Schnittpunkt der Polstrahlen 1 und 3 einen Punkt der Wirkungslinie von F und somit die Lage von F.

Beispiel 2: Allgemeines ebenes Kraftsystem

Gegeben:

6 Kräfte eines allgemeinen Kraftsystems mit Größe, Richtung und Lage des Kraftangriffspunktes.

Gesucht:

Rechnerische und grafische Ermittlung der Resultierenden und des Momentes bezüglich des Koordinatenursprungs.

i	F_i [kN]	α_i [°]	e_{xi} [m]	e_{yi} [m]
1	34,0	+ 45	0,0	0,0
2	25,0	− 45	+ 2,0	+ 4,0
3	42,0	+ 150	− 1,5	+ 2,5
4	49,0	− 60	− 4,8	+ 0,7
5	50,0	0	0,0	− 3,2
6	45,0	+ 90	− 4,0	0,0

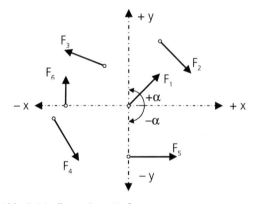

Abb. 3.14 Allgemeines Kraftsystem

Kraftkomponenten in x- und y-Richtung und Momentenanteile

i	F_{xi} [kN]	F_{yi} [kN]	$F_{xi} \cdot e_{yi}$ [kNm]	$F_{yi} \cdot e_{xi}$ [kNm]
1	+24,04	+24,04	0,00	0,00
2	+17,68	−17,68	+70,72	−35,36
3	−36,37	+21,00	−90,93	−31,50
4	+24,50	−42,44	+17,15	+203,71
5	+50,00	0,00	−160,0	0,00
6	0,00	+45,00	0,00	−180,00
Σ	+79,85	+29,92	−163,07	−43,15

Resultierende und dazugehörige Richtung

$$R = \sqrt{R_x^2 + R_y^2} = \sqrt{79{,}85^2 + 29{,}92^2}$$

$$\tan\alpha = \frac{R_y}{R_x} = \frac{29{,}92}{79{,}85}$$

$\Rightarrow$ $R = 85{,}27$ kN

$\Rightarrow$ $\alpha = 20{,}54°$

Resultierendes Moment bezogen auf den Koordinatenursprung

$$M_0 = \sum F_{yi} \cdot e_{ix} - \sum F_{xi} \cdot e_{iy} = -43{,}15 + 163{,}07$$

$\Rightarrow$ $M_0 = 119{,}9$ kNm

Normalabstand der Resultierenden zum Koordinatenursprung

$$e_R = \frac{M_0}{R} = \frac{119{,}9}{85{,}27}$$

$\Rightarrow$ $e_R = 1{,}41$ m

Grafische Lösung

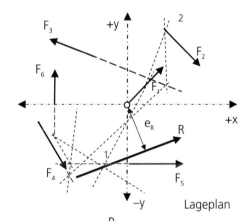

Lageplan

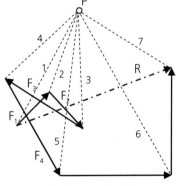

Kräfte- und Polplan

Abb. 3.15 Allgemeines Kraftsystem

Allgemeines ebenes Kraftsystem

3.2 Gleichgewicht eines allgemeinen ebenen Kraftsystems

In Erweiterung der Definition des Gleichgewichtszustandes eines starren Körpers unter der Wirkung eines zentralen Kraftsystems gilt hier für den **Gleichgewichtszustand** eines allgemeinen Kraftsystems, dass sowohl die Kraftanteile als auch die Momente verschwinden müssen.

Die Anzahl der Gleichgewichtsbedingungen ist drei und entspricht der Anzahl der Bewegungsmöglichkeiten oder Freiheitsgrade eines Körpers in der Ebene, d.h., Verschiebung in der x- und y-Richtung und Verdrehung um eine Achse, die senkrecht zur x-y-Ebene steht.

i	F_i [kN]	e_i [m]
1	−95,0	0,0
2	−70,0	2,5
3	120,0	4,3
4	−80,0	5,0
5	+55,0	6,1

> **Gleichgewichtsbedingungen eines ebenen Tragsystems:**
>
> $\sum X_i = 0 \quad \sum Y_i = 0 \quad \sum M_{0i} = 0$

Der Index 0 der Momentengleichgewichtsbedingung charakterisiert einen beliebig gewählten Bezugspunkt.

Zur Erfüllung der Gleichgewichtsbedingungen können auch nur ein Kräftegleichgewicht und zwei Momentengleichgewichtsbedingungen herangezogen werden, z.B.:

$\sum X_i = 0 \quad \sum M_{ai} = 0 \quad \sum M_{bi} = 0$

bzw.

$\sum Y_i = 0 \quad \sum M_{ai} = 0 \quad \sum M_{bi} = 0$

Mit dem Index a bzw. b sind beliebig gewählte Bezugspunkte gemeint. Es ist aber unbedingt darauf zu achten, dass die Verbindungslinie von a nach b nicht mit der Richtung des Kräftegleichgewichtes zusammenfällt.

Beispiel 3: System paralleler Kräfte

Gegeben:

Kräfte auf parallelen Wirkungslinien mit einer Neigung von $\varphi = -60°$ zur positiven x-Koordinatenachse.

Der jeweilige Abstand e_i der Einzelkräfte ist der Normalabstand der Wirkungslinie zur Wirkungslinie der Kraft F_1.

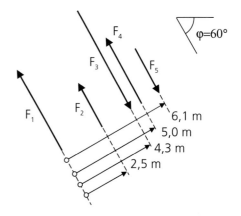

Abb. 3.16 Paralleles Kraftsystem

Gesucht:

Lage und Größe jener Kraft, die mit dem gegebenen Kraftsystem im Gleichgewicht steht.

In diesem Beispiel ist es sinnvoll, die Koordinatenachsen um den Winkel $\varphi = -60°$ zu verdrehen und das Kräftegleichgewicht zu dieser lokalen Bezugsachse anzugeben.

Resultierende:

$R = \sum F_i = -95{,}0 - 70{,}0 + 120{,}0 - 80{,}0 + 55{,}0$

$\Rightarrow R = -70{,}0 \text{ kN} \qquad \alpha = \varphi = -60°$

Gleichgewichtskraft

Die Gleichgewichtskraft muss gleich groß wie R sein, sie ist aber entgegengesetzt gerichtet.

$\Rightarrow H = +70{,}0 \text{ kN} \qquad \alpha = \varphi = -60°$

Lage der Gleichgewichtskraft

Um die Lage der Gleichgewichtskraft ermitteln zu können, berechnen wir das resultierende Moment in Bezug auf die Wirkungslinie der Kraft F_1 und bilden das Momentengleichgewicht.

$M_1 = \sum F_i \cdot e_i = -175{,}0 + 516{,}0 - 400 + 335{,}5$

$M_1 = 276{,}5$ kNm

$\sum M = 0 : M_1 + H \cdot e_H = 0 \qquad e_H = -\dfrac{M_1}{H} = -\dfrac{276{,}5}{70{,}0} \Rightarrow$

$e_H = -3{,}95$ m

Grafische Lösung

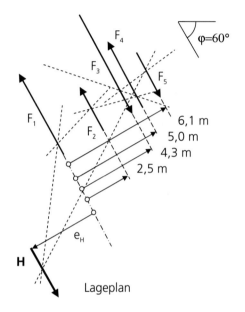

Lageplan

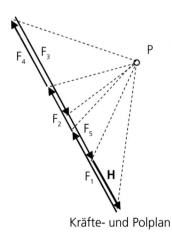

Kräfte- und Polplan

Abb. 3.17 Gleichgewicht eines parallelen Kraftsystems

Beispiel 4: Scheibe

Gegeben:

Auf eine starre Scheibe wirken 5 Kräfte.

$F_1 = 15$ kN $\qquad F_2 = 35$ kN $\qquad F_3 = 40$ kN

$F_4 = 10$ kN $\qquad F_5 = 10$ kN

Gesucht:

Die Größe und die Lage jener Kraft H sind so zu berechnen, dass die Scheibe im Gleichgewicht gehalten wird.

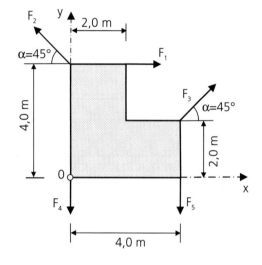

Abb. 3.18 Resultierende zweier Kräfte

Resultierende der angreifenden Kräfte

	F_i [kN]	F_{ix} [kN]	F_{iy} [kN]
F_1	+15,00	+15,00	0,00
F_2	+35,00	−24,75	+24,75
F_3	+40,00	+28,28	+28,28
F_4	+10,00	0,00	−10,00
F_5	+10,00	0,00	−10,00
R		+18,54	+33,03

$R = 37{,}88$ kN

$\beta = 60{,}7°$

Allgemeines ebenes Kraftsystem

Moment aufgrund der angreifenden Kräfte

Die Momente der angreifenden Kräfte werden bezüglich des Punktes 0 gebildet, wobei die Kraftkomponenten der Einzelkräfte mit den Normalabständen in x- und y-Richtung zum Bezugspunkt multipliziert werden. Der positive Drehsinn wird entgegen dem Uhrzeigersinn festgelegt.

$$M_0 = -F_1 \cdot 4{,}0 + F_{2x} \cdot 4{,}0 - F_{3x} \cdot 2{,}0 + F_{3y} \cdot 4 - F_5 \cdot 4{,}0 = 0$$

$$M_0 = 55{,}56 \text{ kNm}$$

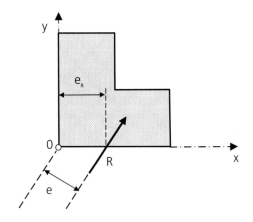

Abb. 3.20 Resultierende Kraft

Gleichgewichtskraft

Nach dem Grundsatz actio = reactio ist die Gleichgewichtskraft H in gleicher Größe entgegengesetzt der Resultierenden R anzusetzen.

$$H = 37{,}88 \text{ kN}$$

$$\gamma = \beta + 180° = 240{,}7°$$

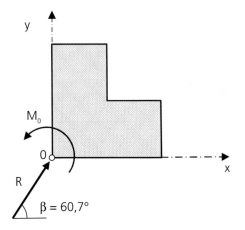

Abb. 3.19 Resultierende Kraft und Moment

Als nächsten Schritt verschieben wir die Resultierende R parallel ihrer Wirkungslinie so weit, dass das dazugehörige Moment verschwindet. Den Normalabstand erhält man mit folgendem Zusammenhang:

$$e = \frac{M_0}{R} = \frac{55{,}56}{37{,}88} \qquad e = 1{,}47 \text{ m}.$$

In gleicher Weise kann auch der Horizontalabstand mit

$$e_x = \frac{M_0}{R_y} = \frac{55{,}56}{33{,}03} \qquad e_x = 1{,}68 \text{ m}$$

berechnet werden. Dieser Abstand gibt auf der positiven x-Achse einen Punkt der Wirkungslinie der Resultierenden an.

Die beiden Darstellungen in Abb. 3.19 und 3.20 sind in ihrer Wirkung auf die Scheibe gleich.

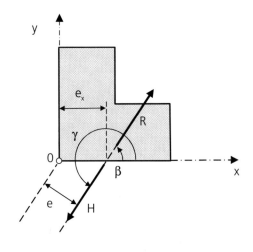

Abb. 3.21 Gleichgewicht der Scheibe

3.3 Gleichgewichtsarten

Wir betrachten drei unterschiedliche Körper, bei denen wir den Ausgangszustand durch Aufbringen einer Verschiebung stören.

Dabei können wir drei Gleichgewichtsarten – stabil, labil, indifferent – bei der Beurteilung der Standsicherheit unterscheiden.

Allgemeines ebenes Kraftsystem

Stabiles Gleichgewicht

In der Ausgangslage wirkt die Gewichtskraft G und die Lagerkraft A auf derselben Wirkungslinie entsprechend dem Reaktionsaxiom (actio = reactio). Durch Auslenken des Körpers aus der Gleichgewichtslage entsteht ein Kräftepaar von G und A (Moment), das den Körper in seine Ausgangslage zurückdreht. Das ist immer der Fall, wenn der Körperschwerpunkt durch die Störung gegenüber der Ausgangslage gehoben wird.

Labiles Gleichgewicht

Das entstehende Kräftepaar versucht den Körper immer weiter aus der Ausgangslage zu verdrehen, d.h., der Körper fällt um. Das tritt immer dann auf, wenn der Körperschwerpunkt durch die Störung gesenkt wird.

Indifferentes Gleichgewicht

Es entsteht kein Kräftepaar, d.h., die Wirkungslinie von G und A sind gleich. Die neue Stellung des Körpers ist wieder eine Gleichgewichtslage. Der Körperschwerpunkt bleibt bei der Verschiebung in gleicher Höhe.

Baukonstruktionen müssen im stabilen Gleichgewicht sein, um die Tragsicherheit zu gewährleisten.

Im Rahmen der Standsicherheitsuntersuchungen von Bauwerken müssen zusätzlich zum Nachweis der Spannungen in der Sohlfuge, also im Übergang zwischen Baukörper und Boden die Kipp- und Gleitsicherheit nachgewiesen werden.

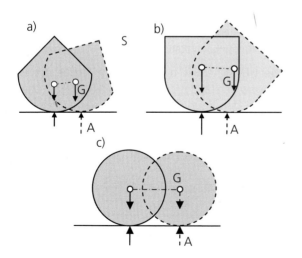

Abb. 3.22 Gleichgewichtsarten

3.4 Kippsicherheit

Jeder stabile, räumliche Baukörper muss mindestens drei Unterstützungspunkte, die nicht auf einer Geraden liegen dürfen, haben. Die sogenannte Stützfläche wird von den Umhüllenden der Stützpunkte begrenzt.

Sie sind mögliche Dreh- bzw. Kippachsen des Baukörpers. Die angreifenden Kräfte haben nun entweder bezogen auf eine solche Kippachse ein Moment, das den Körper von der Stützfläche abheben will – das **Kippmoment M_K** – oder zur Stützfläche dreht – das **Standmoment M_S**.

Kippmoment M_K: alle Momentenanteile, die das „Kippen" des Körpers hervorrufen.

Standmoment M_S: alle Momentenanteile, die das „Stehenbleiben" des Körpers bewirken.

Das Verhältnis dieser beiden Momente bezeichnet man als Kippsicherheit η_K.

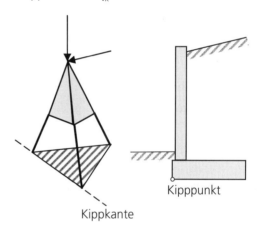

Abb. 3.23 Kippen

$$\text{Kippsicherheit} = \frac{\text{Standmoment}}{\text{Kippmoment}}$$

$$\eta_K = \frac{M_S}{M_K}$$

Die erforderliche Sicherheit hängt vom Bauzweck und von der durch ein Kippen allenfalls entstehenden Gefahr für Menschen und Sachwerte ab. Sie wird in den Baunormen im Allgemeinen mit $\eta_K \geq 1{,}5$ vorgeschrieben.

Allgemeines ebenes Kraftsystem

3.5 Gleitsicherheit

Neben der Sicherheit gegen Kippen ist auch die Sicherheit gegen Verschieben bzw. Gleiten nachzuweisen.

Das Verschieben eines Baukörpers gegen seine Unterlage wird durch die Reibung in der Berührungsfuge verhindert. Wir unterscheiden die **Gleitreibung,** bei der zwei Flächen aufeinander gleiten, und die **Rollreibung,** bei der zwei Flächen aufeinander abrollen – z.B. Räder von Fahrzeugen.

Im Gegensatz zum Maschinenbau, wo man häufig versucht, den Gleitwiderstand durch möglichst glatte Flächen oder durch die Anwendung von Schmiermittel möglichst gering zu halten, fordern wir im Bauwesen einen ausreichenden Gleitwiderstand, z.B. bei Fundamenten in der Sohlfuge, also in der Berührungsebene zum Boden, damit ein Baukörper unter Lasteinwirkung nicht verschoben wird.

Betrachtet man einen Körper unter der Wirkung einer schrägen Einzelkraft (Abb. 3.24), so wird er nur dann aufgrund der Lastwirkung nicht verschoben, solange der Widerstand in der Sohlfuge größer ist als die Horizontalkomponente der einwirkenden Kraft.

Der **Reibungswiderstand** ist umso größer, je größer die Normalkraft und je rauer die Gleitfuge ausgebildet ist.

Schiebende Kraft aus der Einwirkung:

$$F_T = N \cdot \tan\beta$$

Maximaler Haftreibungswiderstand:

$$F_{R,max} = N \cdot \tan\varphi = N \cdot \mu$$

Der Faktor μ wird Reibungsbeiwert genannt. Folgende Tabelle gibt beispielhaft einige Richtwerte an.

Material	Reibungsbeiwert μ
Stahl auf Stahl	0,2
Stahl auf Beton	0,5
Beton auf Beton	0,5
Holz auf Holz	0,5

Bei Fundamenten wird für den Winkel φ der Sohlreibungswinkel eingesetzt. Stellvertretend für die unterschiedlichsten Bodenarten werden Richtwerte für einen nichtbindigen und einen bindigen Boden angegeben.

Boden	φ	$\mu = \tan\varphi$
Sand, mitteldicht	35,0°	0,70
Lehm, halbfest	27,5°	0,52

Kein Gleiten tritt auf, wenn der Winkel β kleiner gleich dem Reibungswinkel φ ist.

Die Gleitsicherheit η_G wird als Verhältnis des Haftreibungswiderstandes zur schiebenden Kraft ausgedrückt und in den Baunormen im Allgemeinen mit $\eta_G \geq 1{,}5$ vorgeschrieben.

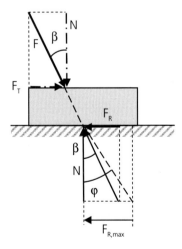

Abb. 3.24 Gleitsicherheit

> **Gleitsicherheit**
>
> $$\eta_G = \frac{F_{R,max}}{F_T} = \frac{N \cdot \tan\varphi}{F_T} = \frac{N \cdot \mu}{F_T}$$

Beispiel 5: Reklamesäule mit Windlast

Gegeben:

Eine Reklamesäule aus Stahl trägt einen Zylinder mit Reklameaufschrift. Die Aufstandsfläche in der Sohlfuge ist quadratisch mit 2,0 x 2,0 m ausgebildet.

Gewichtskräfte:

$G_1 = 55$ kN $\qquad G_2 = 70$ kN

Resultierende Windbelastung:

auf den Zylinder $\qquad W_1 = 2,10$ kN

auf die Stütze $\qquad W_2 = 2,27$ kN

Reibungsbeiwert des Bodens in der Sohlfuge: $\mu = 0{,}30$
Gleit- und Kippsicherheit $\qquad \eta_G = \eta_K = 1{,}5$

Gesucht:

Die Standsicherheit (Gleit- und Kippsicherheit) der Konstruktion ist nachzuweisen.

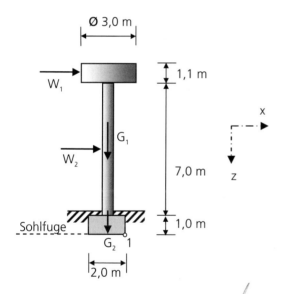

Abb. 3.25 Reklamesäule

Resultierende in der Sohlfuge

Gleitkraft in der Fuge:

$T = R_x = 2{,}10 + 2{,}27 = 4{,}37$ kN

Normalkraft in der Fuge:

$N = R_z = 55{,}0 + 70{,}0 = 125$ kN

Resultierende und Richtung:

$R = \sqrt{R_x^2 + R_z^2} = \sqrt{4{,}37^2 + 125^2} \qquad \tan\beta = \dfrac{R_x}{R_z} = \dfrac{4{,}37}{125}$

$\Rightarrow R = 125{,}1$ kN

$\beta = 2{,}0°$

Gleitsicherheit

$\eta_G = \dfrac{\mu \cdot N}{T} = \dfrac{0{,}3 \cdot 125{,}0}{4{,}37}$

$\Rightarrow \eta_G = 8{,}6 > \eta_{G,erf} = 1{,}5$

Kippsicherheit

Der Bezugspunkt für das Kipp- bzw. Standmoment ist der Punkt 1 – der rechte untere Eckpunkt des Fundamentes.

$\eta_K = \dfrac{M_S}{M_K} = \dfrac{(G_1 + G_2) \cdot 2{,}0/2}{W_1(1{,}0 + 7{,}0 + 0{,}55) + W_2(1{,}0 + 3{,}5)}$

$\Rightarrow \eta_K = 4{,}44 > \eta_{K,erf} = 1{,}5$

Beispiel 6: Winkelstützmauer

Gegeben:

Winkelstützmauer mit allen angreifenden vertikalen Gewichtskräften und der horizontal wirkenden Erddruckkraft

$G_1 = 72$ kN, $G_2 = 240$ kN, $G_3 = 6$ kN, $G_4 = 55$ kN

$E = 92$ kN.

Reibungswinkel des Bodens: $\varphi = 30°$

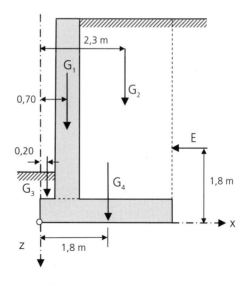

Abb. 3.26 Winkelstützmauer

Allgemeines ebenes Kraftsystem

Gesucht:

Resultierende Kraft R in der Sohlfuge,

Lage der Resultierenden,

Kipp- und Gleitsicherheit.

Alle Momentenwerte beziehen sich auf den Koordinatenursprung, der zugleich der Kipppunkt der Stützmauer ist.

	X_i [kN]	Z_i [kN]	x_i [m]	z_i [m]	M_{Si} [kNm]	M_{Ki} [kNm]
G_1	0	72,0	0,7	0	50,4	0
G_2	0	240,0	2,3	0	552,0	0
G_3	0	6,0	0,2	0	1,20	0
G_4	0	55,0	1,8	0	99,0	0
E	−92,0	0	−	−1,8	0	165,6
Σ	−92,0	373,0			702,6	165,6

Resultierende Kraft in der Bodenfuge

$$R = \sqrt{R_x^2 + R_z^2} = \sqrt{(-92)^2 + 373^2}$$

$$\Rightarrow R = 384{,}18 \text{ kN}$$

Neigung der Resultierenden zur x-Achse

$$\tan\alpha = \frac{R_z}{R_x} = \frac{373}{92}$$

$$\Rightarrow \alpha = 76{,}1°$$

Lage der Resultierenden in der Sohlfuge ($z_R = 0$)

$$x_R = \frac{M_R}{R_z} = \frac{M_S - M_K}{R_z} = \frac{702{,}6 - 165{,}6}{373}$$

$$\Rightarrow x_R = 1{,}44 \text{ m}$$

Kippsicherheit

$$\eta_K = \frac{M_S}{M_K} = \frac{702{,}6}{165{,}6}$$

$$\Rightarrow \eta_K = 4{,}24 > \eta_{K,erf} = 1{,}5$$

Gleitsicherheit

$$\eta_G = \frac{R_z \cdot \tan\varphi}{|R_x|} = \frac{373 \cdot \tan 30°}{92}$$

$$\Rightarrow \eta_G = 2{,}34 > \eta_{G,erf} = 1{,}5$$

3.6 Aufgaben zu Kapitel 3

Aufgabe 1: Scheibe

Gegeben ist eine Scheibe mit drei angreifenden Kräften in der Größe von

$F_1 = 10$ kN, $F_2 = 15$ kN, $F_3 = 18$ kN

und drei Wirkungslinien von Kräften f_4, f_5 und f_6.

Die unbekannten Kräfte F_4, F_5 und F_6 in den Wirkungslinien f_4, f_5 und f_6 sind so zu bestimmen, dass die Scheibe im Gleichgewicht steht.

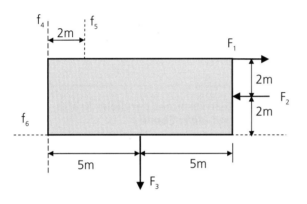

Aufgabe 3: Balken mit Einzelkräften

Ein gewichtsloser Balken wird durch vier Kräfte beansprucht.

$F_1 = 17$ kN, $\alpha = 45°$

$F_2 = 9$ kN

$F_3 = 21$ kN

$F_4 = 13$ kN, $\beta = 60°$

Gesucht ist die Größe und Lage der resultierenden Kraft (R, x_R).

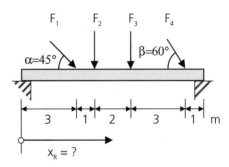

Aufgabe 2: Balken

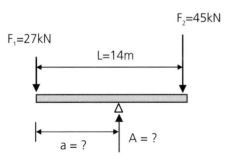

Ein gewichtsloser Balken mit der Länge von L = 14 m wird mit $F_1 = 27$ kN und $F_2 = 45$ kN beansprucht.

Wie groß ist die Lagerkraft A und wo muss der Balken unterstützt werden, damit er sich im Gleichgewicht befindet?

Aufgabe 4: Gleichgewicht eines Körpers

Der dargestellte Körper wird durch drei gleich große, vertikale Kräfte F und eine Horizontalkraft H = 55 kN beansprucht. Das Gewicht des Körpers darf vernachlässigt werden.

Wie groß muss die Größe der Kraft F sein, damit die Kippsicherheit mit $\eta_K = 1{,}5$ sichergestellt ist?

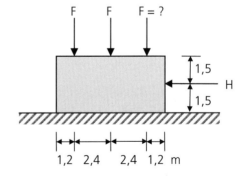

4 Schwerpunkt

4.1 Schwerpunkt paralleler Kräfte

Wirken bei einem zentralen Kraftsystem auf einen Körper mehrere Kräfte, so können sie durch eine einzige Kraft, die Resultierende R, ersetzt werden.

Sind alle angreifenden Kräfte eines allgemeinen Kraftsystems parallel, so stimmt die Richtung der Resultierenden R mit der Richtung der Kräfte überein. Die Lage der Resultierenden folgt aus der Äquivalenz der Momente.

Das in Abb. 4.1 dargestellte Beispiel soll die Vorgangsweise verdeutlichen. Die Resultierende wird durch Addition der Einzelkräfte gebildet, in diesem Fall ist die Vektoraddition gleichbedeutend mit der Addition der Beträge der drei Kräfte

$$R = \sum F_i = F_1 + F_2 + F_3.$$

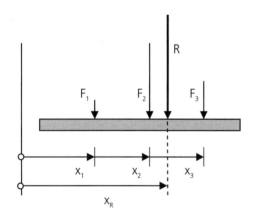

Abb. 4.1 Resultierende paralleler Kräfte

Ein Bezugspunkt wird gewählt. Es werden die Momentenanteile der drei Kräfte ermittelt

$$M_o = \sum F_i \cdot x_i = F_1 \cdot x_1 + F_2 \cdot x_2 + F_3 \cdot x_3.$$

Das Moment M_o wird gleichgesetzt mit dem Moment der Resultierenden. Dieser Zusammenhang ergibt den gesuchten Abstand

$$x_R = \frac{M_o}{R}.$$

Daraus folgt allgemein:

Schwerpunkt paralleler Kräfte

$$x_R = \frac{\sum F_i \cdot x_i}{\sum F_i}$$

Wirken Kräfte in vertikaler Richtung auf eine Ebene, die in x- und y-Richtung aufgespannt ist, so können für die Berechnung der Lage der Resultierenden die Abstände sowohl in x- als auch in y-Richtung angegeben werden und es folgt:

Schwerpunkt paralleler Kräfte auf einer Ebene

$$x_R = \frac{\sum F_i \cdot x_i}{\sum F_i} \qquad y_R = \frac{\sum F_i \cdot y_i}{\sum F_i}$$

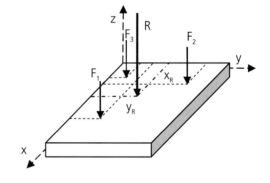

Abb. 4.2 Parallele Kräfte auf einer Ebene

Bei kontinuierlich verteilten Linien- oder Flächenlasten können die gleichen Überlegungen angestellt werden.

Nur werden in ganz allgemeiner Form bei den beiden zuvor dargestellten Formeln die Summenzeichen durch Integrale über eine bestimmte Strecke bzw. über eine bestimmte Fläche ersetzt.

Das Integral entspricht dem Flächeninhalt einer Funktion bezogen auf eine Achse für einen bestimmten Abschnitt – dem Integrationsbereich. Bei Funktionen mehrerer Veränderlicher entspricht es dem Volumen. Auf dieses mathematische Verfahren wird im Rahmen dieses Buches nicht eingegangen, Genaueres finden Sie in den diversen Mathematiklehrbüchern.

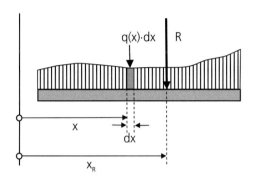

Abb. 4.3 Resultierende einer Linienlast

Schwerpunkt von Flächenlasten

$$x_R = \frac{\int q(x,y) \cdot x \cdot dA}{\int q(x,y) \cdot dA} \qquad y_R = \frac{\int q(x,y) \cdot y \cdot dA}{\int q(x,y) \cdot dA}$$

In der Praxis ist die Verteilung der Gleichlast meistens auf eine konstante Belastungsintensität oder einen dreiecksförmigen oder trapezförmigen Verlauf zurückzuführen. In diesem Fall kann die Schwerpunktsberechnung in eine einfachere Berechnungsart ohne mathematische Integration übergeführt werden.

Anhand eines einfachen Beispiels soll die Integralrechnung gezeigt werden. Betrachten wir einen Balken mit einer dreiecksförmig verteilten Last, so können wir mit den zuvor angegebenen Formeln den Betrag und die Lage der Resultierenden berechnen. Der Koordinatenursprung von x wird am linken Rand des Balkens festgelegt.

Schwerpunkt einer Linienlast

$$x_R = \frac{\int q(x) \cdot x \cdot dx}{\int q(x) \cdot dx}$$

Die Anwendung dieser Formel setzt voraus, dass man den Verlauf der Belastung in Form einer mathematischen Funktion ausdrücken kann.

Bei Flächenlasten wird die Erweiterung in der zweiten Richtung vorgenommen und der Abstand der Resultierenden zum Bezugspunkt sowohl in x- als auch y-Richtung angegeben.

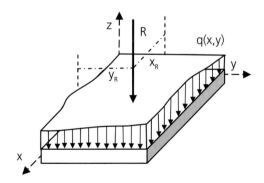

Abb. 4.4 Resultierende einer Flächenlast

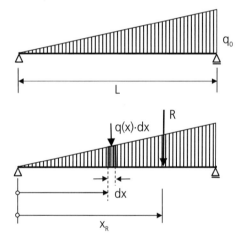

Abb. 4.5 Balken mit Dreieckslast

Die dreiecksförmige Last wird durch die Geradengleichung

$$q(x) = q_0 \frac{x}{L}$$

beschrieben.

Aus der Integration von q(x) folgt die **Größe der Resultierenden**

$$R = \int_0^L q(x)\,dx = \int_0^L q_0 \frac{x}{L}\,dx = q_0 \frac{x^2}{2L}\bigg|_0^L = \frac{1}{2} q_0 L.$$

Schwerpunkt

Die Resultierende ist der Flächeninhalt des Lastdreiecks.

Für die Bestimmung der **Lage der Resultierenden** berechnet man

$$\int x \cdot q(x)\,dx = \int_0^L x \cdot q_0 \frac{x}{L}\,dx = q_0 \frac{x^3}{3L}\bigg|_0^L = \frac{1}{3}q_0 L^2\;.$$

Und letztendlich erhält man den Abstand der Resultierenden bzw. die Koordinate des Kräftemittelpunktes

$$x_R = \frac{\int x \cdot q(x)\,dx}{\int q(x)\,dx} = \frac{2}{3}L\;.$$

Diese Größe kann auch als Lage des Schwerpunktes eines Dreiecks aus Bautabellen übernommen werden.

4.2 Linienschwerpunkt

Die Koordinaten des Schwerpunktes S einer Linie errechnen sich durch Integration über eine Linie L mit

$$x_s = \frac{1}{L}\int x\,ds \quad \text{und} \quad y_s = \frac{1}{L}\int y\,ds\;.$$

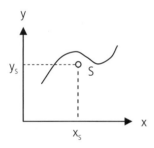

Abb. 4.6 Linienschwerpunkt

Bei einer geraden Linie liegt der Schwerpunkt in der Mitte der Linie, bei einer gekrümmten Linie liegt er im Allgemeinen außerhalb.

Die Bestimmung der Lage des Schwerpunktes ist z.B. zur Ermittlung der Lage der Resultierenden von Kräften, die längs einer Linie gleichförmig verteilt sind, erforderlich.

Besteht die Linie aus Teilstücken bekannter Länge L_i mit bekannter Schwerpunktslage x_i und y_i, so werden die Integrale durch Summenzeichen ersetzt.

Linienschwerpunkt

$$x_S = \frac{\int x \cdot ds}{\int ds} \qquad y_S = \frac{\int y \cdot ds}{\int ds}$$

Linienschwerpunkt aus Teilen

$$x_S = \frac{\sum x_i L_i}{\sum L_i} \qquad y_S = \frac{\sum y_i L_i}{\sum L_i}$$

Beispiel 1:   Linienschwerpunkt

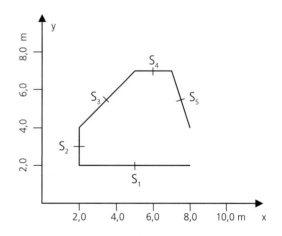

Abb. 4.7 Polygonaler Linienzug

Gegeben:

Linienzug laut Abb. 4.7.

Gesucht:

Koordinaten des Linienschwerpunktes.

i	L_i [m]	x_{Si} [m]	y_{Si} [m]	$L_i \cdot x_{Si}$	$L_i \cdot y_{Si}$
1	6,00	5,0	2,0	30,0	12,0
2	2,00	2,0	3,0	4,0	6,0
3	4,24	3,5	5,5	14,8	23,3
4	2,00	6,0	7,0	12,0	14,0
5	3,16	7,5	5,5	23,7	17,4
Σ	17,4			84,5	72,7

Schwerpunkt

Schwerpunktskoordinaten

$$x_s = \frac{\sum x_i L_i}{\sum L_i} = \frac{84{,}5}{17{,}4} \qquad y_s = \frac{\sum y_i L_i}{\sum L_i} = \frac{72{,}7}{17{,}4}$$

$$\Rightarrow x_S = 4{,}86 \text{ m}$$

$$y_S = 4{,}18 \text{ m}$$

Sind die Stärken der einzelnen Linienabschnitte unterschiedlich, muss dies in den Formeln durch entsprechende Gewichtung mit

$$x_s = \frac{\sum t_i \cdot x_i \cdot L_i}{\sum L_i} \text{ bzw.}$$

$$y_s = \frac{\sum t_i \cdot y_i \cdot L_i}{\sum L_i}$$

berücksichtigt werden, wobei t_i die Dicke der Linie darstellt. Geht es um Linienlasten sind die Gewichtungsfaktoren Lastwerte mit p_i in [kN/m].

4.3 Flächenschwerpunkt

Eine sehr häufig gestellte Aufgabe ist die Berechnung eines Flächenschwerpunktes.

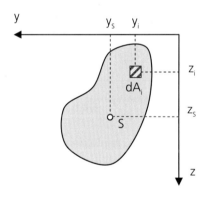

Abb. 4.8 Flächenschwerpunkt

Als Erweiterung gegenüber der Linienschwerpunktsberechnung werden anstelle der Linien Flächen in die allgemeinen Formeln eingesetzt.

Flächenschwerpunkt

$$x_s = \frac{\int x \cdot dA}{\int dA} \qquad y_s = \frac{\int y \cdot dA}{\int dA}$$

Die Integralausdrücke im Zähler werden als **Flächenmomente erster Ordnung** bzw. als **statische Momente** bezeichnet:

$$S_y = \int x \, dA \qquad S_x = \int y \, dA$$

Legt man den Koordinatenursprung in den Schwerpunkt S, so werden y_s und z_s gleich null, damit verschwinden auch die statischen Momente und es folgt, dass die Flächenmomente erster Ordnung in Bezug auf die Schwerachsen null sind.

In den Bautabellenbüchern sind die Formeln für die Fläche und die Schwerpunktsabstände für häufig verwendete Flächen angegeben.

Stellvertretend sind hier einige Beispiele bekannter Flächen zusammengestellt.

Parallelogramm

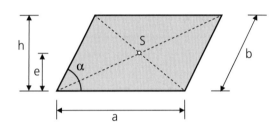

Abb. 4.9 Parallelogramm

$$A = a \cdot h = a \cdot b \cdot \sin\alpha \qquad e = \frac{h}{2}$$

Halbkreis

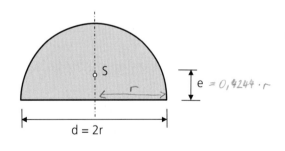

Abb. 4.10 Halbkreis

$$A = \tfrac{1}{2} r^2 \cdot \pi \qquad e = \frac{4r}{3\pi} \;= \; 0{,}4244 \cdot r$$

Schwerpunkt

Viertelkreis

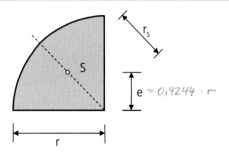

Abb. 4.11 Viertelkreis

$$A = \tfrac{1}{4} r^2 \cdot \pi \qquad e = \frac{4r}{3\pi} \qquad r_s = \frac{4r}{3\pi}\sqrt{2}$$

Kreisbogenabschnitt

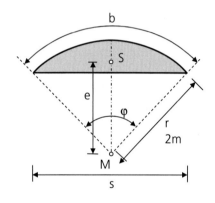

Abb. 4.12 Kreisbogenabschnitt

$$A = \frac{r^2}{2}\left(\varphi° \frac{\pi}{180} - \sin\varphi\right) = \frac{r(b-s) + s\cdot h}{2}$$

$$e = \frac{2}{3}\frac{r^3 \sin^3 \frac{\varphi}{2}}{A} = \frac{s^3}{12 \cdot A}$$

Dreieck

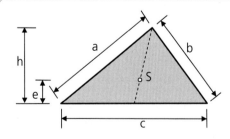

Abb. 4.13 Dreieck

$$A = \frac{c \cdot h}{2} \qquad e = \frac{h}{3}$$

Trapez

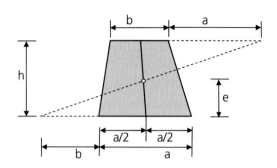

Abb. 4.14 Trapez

$$A = \frac{a+b}{2} \cdot h \qquad e = \frac{h}{3}\frac{a+2b}{a+b}$$

Halbparabel

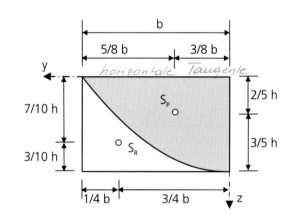

Abb. 4.15 Halbparabel und Restfläche

Halbparabel

$$A_P = \frac{2}{3}\cdot b\cdot h \qquad y_P = \frac{3}{8} b \qquad z_P = \frac{2}{5} h$$

Restfläche der Halbparabel

$$A_R = \frac{1}{3}\cdot b\cdot h \qquad y_R = \frac{3}{4} b \qquad z_R = \frac{7}{10} h$$

Die Achsen durch den Schwerpunkt heißen **Schwerachsen**. Ist eine Fläche zu einer Achse symmetrisch, so folgt daraus, dass die Symmetrieachse eine Schwerachse ist.

Häufig sind Querschnitte aus Teilflächen A_i zusammengesetzt, deren jeweilige Schwerpunktslage mit y_i und z_i bekannt ist. Die Lage des gemeinsamen Schwerpunktes ergibt sich, indem die Integrale in den Formeln der Schwerpunktsberechnung durch Summenzeichen ersetzt werden, und es folgt

$$y_s = \frac{\sum y_i A_i}{\sum A_i}, \qquad z_s = \frac{\sum z_i A_i}{\sum A_i}.$$

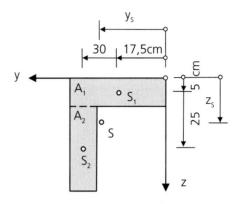

Abb. 4.18 Schwerpunkt – Winkelprofil

Der Querschnitt wird in zwei Teilflächen A_1 und A_2 zerlegt. Die Schwerpunktskoordinaten dieser Flächen sind bekannt.

	A_i [cm²]	y_i [cm]	z_i [cm]	$A_i \cdot y_i$ [cm³]	$A_i \cdot z_i$ [cm³]
1	350,0	17,5	5,0	6125,0	1750,0
2	300,0	30,0	25,0	9000,0	7500,0
Σ	650,0			15125,0	9250,0

Schwerpunktskoordinaten

$$y_S = \frac{\sum A_i \cdot y_i}{\sum A_i} = \frac{15125}{650}$$

$$z_S = \frac{\sum A_i \cdot z_i}{\sum A_i} = \frac{9250}{650}$$

$$\Rightarrow \quad y_S = 23{,}27 \text{ cm}$$

$$z_S = 14{,}23 \text{ cm}$$

Voraussetzung für diese Vorgangsweise bei zusammengesetzten Flächen ist die Kenntnis der Einzelflächen bzw. der einzelnen Schwerpunktskoordinaten.

Diese Formeln lassen sich auch bei Flächen mit Ausschnitten anwenden, wobei diese Ausschnitte als negative Flächen berücksichtigt werden.

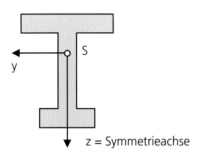

Abb. 4.16 Symmetrischer Querschnitt

Beispiel 2: Winkelprofil

Gegeben:

Querschnitt laut Abb. 4.17.

Gesucht:

Schwerpunktskoordinaten.

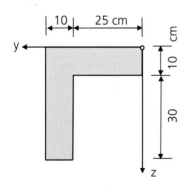

Abb. 4.17 Winkelprofil

Schwerpunkt

Beispiel 3: Scheibe mit Loch

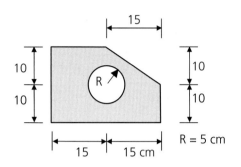

R = 5 cm

Abb. 4.19 Scheibe mit Loch

Gegeben:

Scheibe mit Loch.

Gesucht:

Lage des Schwerpunktes.

Schwerpunktskoordinaten

Zur Berechnung der Schwerpunktskoordinaten wird die Scheibe in drei Teilflächen zerlegt.

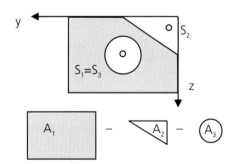

Abb. 4.20 Teilflächen

Die Schwerpunktskoordinaten der Teilflächen werden auf ein Ausgangskoordinatensystem bezogen.

	A_i [cm²]	y_i [cm]	z_i [cm]	$A_i \cdot y_i$ [cm³]	$A_i \cdot z_i$ [cm³]
1	600,0	15,0	10,0	9000	6000
2	−75,0	5,0	3,33	−375	−250
3	−78,5	15,0	10,0	−1178	−785
Σ	446,5			7447	4965

Gesamtschwerpunkt

$$y_S = \frac{7447}{446,5} \qquad z_S = \frac{4965}{446,5}$$

$\Rightarrow \qquad y_S = 16,7 \text{ cm}$

$\qquad z_S = 11,1 \text{ cm}$

Beispiel 4: Stahlwalzprofile

Gegeben:

2 Stahlwalzprofile werden zusammengeschweißt.

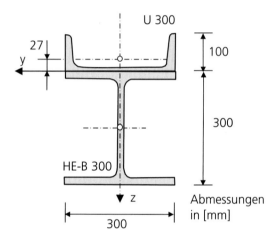

Abb. 4.21 Querschnitt aus Stahlwalzprofilen

Querschnittsabmessungen und Einzelflächen (aus Profiltabellen übernommen):

Querschnitt 1 – HE-B 300:

$\qquad h_1 = 300$ mm, $b_1 = 300$ mm, $A_1 = 149$ cm²

Querschnitt 2 – U 300:

$\qquad h_2 = 300$ mm, $b_2 = 100$ mm,

$\qquad e_2 = 27$ mm, $A_2 = 58,8$ cm²

Gesucht:

Gesamtschwerpunkt bezogen auf das eingezeichnete Koordinatensystem.

Schwerpunktsabstände

Die z-Koordinatenachse ist in der Symmetrieachse angenommen, folglich muss der Gesamtschwerpunkt auf ihr liegen, d.h. $y_S = 0$.

	A_i [cm²]	z_i [cm]	$A_i \cdot z_i$ [cm³]
HE-B 300	149,0	15,0	2235,0
U 300	58,8	-2,7	-158,8
Σ	207,8		2076,2

$$z_S = \frac{2076,2}{207,8}$$

$\Rightarrow \quad y_S = 0$

$\quad\quad\quad z_S = 9,99 \text{ cm}$

4.4 Schwerpunkt und Massenmittelpunkt eines Körpers

Die Schwerkraft oder Gewichtskraft ist jene Kraft, die auf einen Körper infolge der Erdanziehungskraft wirkt. Sie ist eine Raumkraft, d.h., sie ist auf den ganzen Körper verteilt. In der Praxis wird diese Lastwirkung als resultierende Kraft im Schwerpunkt des Körpers angesetzt.

Durch entsprechende Erweiterung der Formeln für die Berechnung des Schwerpunktes einer Fläche ergibt sich für die Lage des Schwerpunktes eines Körpers Folgendes:

Volumenschwerpunkt

$$x_S = \frac{1}{V}\int x \cdot dV$$

$$y_S = \frac{1}{V}\int y \cdot dV$$

$$z_S = \frac{1}{V}\int z \cdot dV$$

Dabei stehen die Einfachintegrale stellvertretend für die Integration über die drei Koordinatenachsen im Raum.

Besteht ein Körper aus unterschiedlichen Materialien, d.h., ist die Dichte ρ verschieden, so muss eine Gewichtung bei der Berechnung des Massenmittelpunktes vorgenommen werden.

Betrachten wir Körper, die an der Erdoberfläche der Schwerkraft unterworfen sind, so ist die Schwerkraft eines Volumenelementes dV mit

$$f(x,y,z) = \rho(x,y,z) \cdot g$$

definiert, wobei ρ die über den Körper verteilte Dichte und g die konstant anzunehmende Erdbeschleunigung ist ($g \approx 9{,}81$ m/s²). Bei homogenen Körpern fällt der Massenmittelpunkt mit dem Volumenschwerpunkt zusammen.

Ergänzt man die Formeln für den Volumenschwerpunkt mit der Schwerkraft, so kürzt sich die für die Erdanziehungskraft konstant definierte Erdbeschleunigung in den Formeln heraus.

Die folgenden Beispiele geben die Volumenschwerpunkte für häufig vorkommende Körper an. Eine größere Auswahl finden Sie in den Bautabellenbüchern.

Massenmittelpunkt

$$x_S = \frac{\int x \cdot f(x,y,z) \cdot dV}{\int f(x,y,z) \cdot dV} = \frac{\int x \cdot \rho \cdot dV}{\int \rho \cdot dV}$$

$$y_S = \frac{\int y \cdot f(xyz) \cdot dV}{\int f(x,y,z) \cdot dV} = \frac{\int y \cdot \rho \cdot dV}{\int \rho \cdot dV}$$

$$z_S = \frac{\int z \cdot f(xyz) \cdot dV}{\int f(x,y,z) \cdot dV} = \frac{\int z \cdot \rho \cdot dV}{\int \rho \cdot dV}$$

Quader

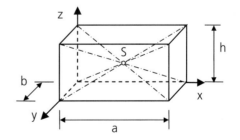

Abb. 4.22 Quader

$V = a \cdot b \cdot h \quad x_S = \frac{a}{2} \quad y_S = \frac{b}{2} \quad z_S = \frac{h}{2}$

Der Schwerpunkt des Quaders liegt im Schnittpunkt der Raumdiagonalen.

Schwerpunkt

Zylinder

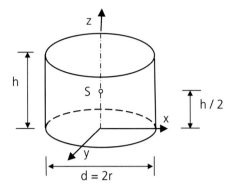

Abb. 4.23 Zylinder

$$V = \frac{d^2 \cdot \pi}{4} h = r^2 \cdot \pi \cdot h \quad z_S = \frac{h}{2}$$

Pyramide

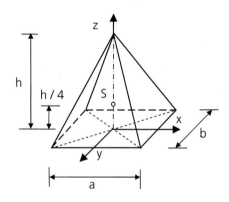

Abb. 4.24 Pyramide

$$V = \frac{a \cdot b \cdot h}{3} \quad z_S = \frac{h}{4}$$

Das Koordinatensystem wird in die Symmetrieachsen gelegt, d.h. x_S und y_S sind 0.

Kegel

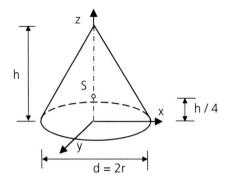

Abb. 4.25 Kegel

$$V = \frac{d^2 \cdot \pi \cdot h}{12} = \frac{r^2 \cdot \pi \cdot h}{3} \quad z_S = \frac{h}{4}$$

Beispiel 5: Körperschwerpunkt

Gegeben:

Ein Körper ist aus Quadern und Zylindern zusammengesetzt.

Gesucht:

Lage des Volumenschwerpunktes x_S.

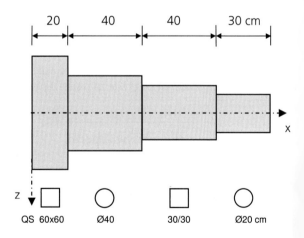

Abb. 4.26 Zusammengesetzter Körper

Die Volumina der Einzelkörper werden für den Quader mit $V = a \cdot b \cdot h$ und den Zylinder mit $V = r^2 \cdot \pi \cdot h$ berechnet.

4.5 Aufgaben zu Kapitel 4

	V_i [cm³]	x_i [cm]	$V_i \cdot x_i$ [cm⁴]
1	72000	10	720000
2	50265	40	2010600
3	36000	80	2880000
4	9425	115	1083875
Σ	167690		6694475

$$x_S = \frac{6694475}{167690}$$

$\Rightarrow \quad x_S = 39{,}9 \text{ cm}$

Aufgabe 1: Winkelprofil

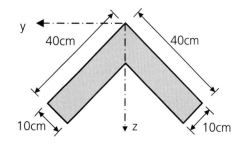

Die Koordinaten des Schwerpunktes y_s und z_s sind in den beiden Koordinatenachsen anzugeben.

Aufgabe 2: Lastschwerpunkt

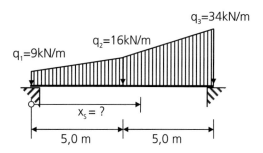

Die Resultierende R und der Lastschwerpunkt x_s der linear verteilten Belastung ist zu ermitteln.

Schwerpunkt

Aufgabe 3: Stahlwalzprofile

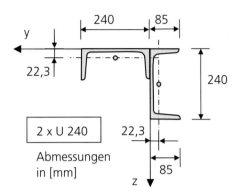

2 x U 240

Abmessungen in [mm]

Die Querschnittsangaben beziehen sich auf ein U-Profil
U 240:   b = 8,5 cm   h = 24,0 cm
             A = 42,3 cm²   e = 2,23 cm

Ermitteln Sie den Gesamtschwerpunkt bezogen auf das eingezeichnete Koordinatensystem.

Aufgabe 4: Stützmauer

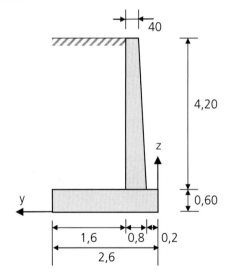

Der Gesamtschwerpunkt der Stützmauer bezüglich des eingetragenen Koordinatensystems ist zu berechnen.

Aufgabe 5: Linienzug

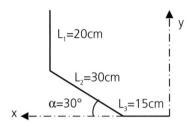

Für den dargestellten Linienzug ist der Linienschwerpunkt in Bezug auf das x-y-Koordinatensystem anzugeben.

5 Tragwerke

5.1 Tragwerksformen

Bauwerke werden im Rahmen einer statischen Berechnung in einzelne Bauteile zerlegt, die nach ihrer statischen Wirksamkeit entsprechend statisch untersucht bzw. dimensioniert werden. Grundsätzlich unterteilen wir die Tragwerksformen in **Stabtragwerke,** bei denen die Querschnittsabmessungen klein gegenüber ihrer Längsabmessung sind, in **Flächentragwerke,** die durch die flächenhafte Lastabtragung charakterisiert sind, und **räumliche Tragsysteme.**

Die folgende Übersicht soll zunächst, ohne auf statische Überlegungen einzugehen, beispielhaft einen Überblick üblicher Formen der Stabtragwerke geben.

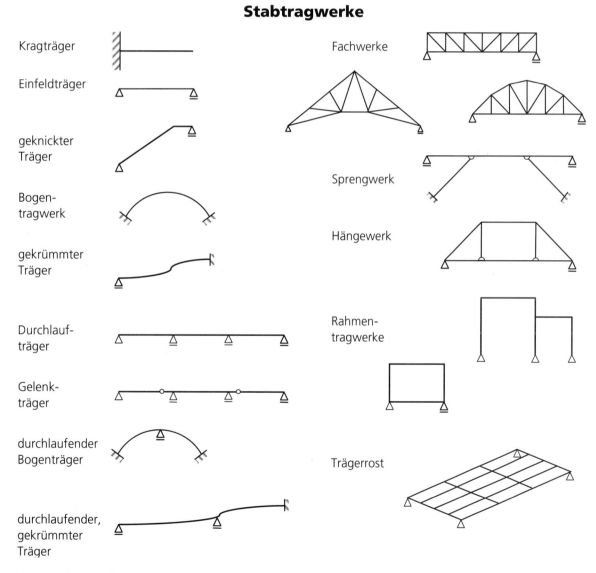

Abb. 5.1 Stabtragwerke

Tragwerke

Stabtragwerke können auch nach der Art der Lastabtragung unterschieden werden.

Wird ein Stabtragwerk in Richtung der Stabachse auf Zug oder Druck beansprucht, sprechen wir von einem klassischen **Stab**.

Beansprucht man diesen Bauteil quer zu seiner Achse, so biegt sich dieser Bauteil durch und man nennt ihn **Balken** bzw. **Biegeträger**.

Werden Biegeträger über mehrere Felder gespannt, so sprechen wir von einem **Durchlaufträger**. Wenn mehrere Balkenteile gelenkig miteinander verbunden werden, entsteht ein **Gelenksträger**.

In aufgelöster Form können anstelle von vollwandigen Querschnitten die Biegeträger als **Fachwerke** ausgebildet werden. Dies bedeutet, dass der Bauteil im statischen Sinne aus einzelnen Druck- und Zugstäben zusammengesetzt ist. Um die statische Stützweite eines Biegeträgers verkürzen zu können, kann z.B. ein **Sprengwerk** oder ein **Hängewerk** ausgebildet werden.

Ein gekrümmtes Stabtragwerk heißt **Bogen,** wenn die Lasten hauptsächlich über Normalbeanspruchung aber abhängig von der Belastungsart auch über Biegung abgetragen werden.

Tragwerke, die aus abgewinkelten, starr miteinander verbundenen Balken zusammengesetzt sind, werden als **Rahmen** bezeichnet. In ganz unterschiedlicher Form können Rahmentragwerke ausgebildet und zusammengefügt werden.

Flächentragwerke sind ebene Bauteile, deren Dicke gegenüber den Abmessungen der Seiten klein ist.

Werden sie nur in ihrer Ebene belastet, nennt man sie **Scheiben**. Wirkt die Beanspruchung normal auf die Konstruktionsebene, spricht man von **Plattentragwerken**. Ein gekrümmtes Flächentragwerk nennt man **Schale**.

Mischsysteme, d.h. Tragsysteme, die als Kombination aus den hier dargestellten Systemen entstehen, werden hier nicht behandelt.

5.2 Lagerungsarten

Die Aufgabe der Bauwerke besteht darin, die Einwirkungen von außen – z.B. die Lasten – aufzunehmen, ihnen standzuhalten und diese bis zur Gründung weiterzuleiten. Dies bedeutet, dass sämtliche Bauteile entsprechend unterstützt sein müssen, um ungewollte Verformungen aufgrund einer Beanspruchung zu verhindern.

Diese Unterstützungsstellen werden auch **Auflager** genannt. Sie dienen zur Lagesicherung von Bauteilen und zur Lastübertragung bzw. Weiterleitung.

Beschränkt man sich auf Tragwerke in der Ebene, die in ihrer Ebene belastet sind, so gibt es drei unabhängige Bewegungsmöglichkeiten bzw. Freiheitsgrade: je eine Verschiebung in zwei Richtungen und eine Drehung um eine zur Ebene senkrechte Achse. Durch die Auflager müssen diese Bewegungsmöglichkeiten eingeschränkt werden, dementsprechend müssen die Lager konstruktiv ausgebildet werden.

Bewegliches Auflager (1-wertiges Lager)

Bei einem beweglichen Auflager kann eine Kraft übertragen werden. Die Verschiebung in einer Richtung und die Verdrehung sind möglich. Beispielhaft zählen zu dieser Gruppe das Rollenlager, das Gleitlager und die Pendelstütze.

Bei den in Abb. 5.3 angeführten Beispielen – Rollenlager und Gleitlager – ist jeweils eine Lastübertragung am Lagerpunkt in vertikaler Richtung möglich. In horizontaler Richtung kann ein Träger verschoben werden bzw. ist eine Verdrehung am Lagerungspunkt möglich. Bei der Pendelstütze kann aufgrund der gelenkigen Lage-

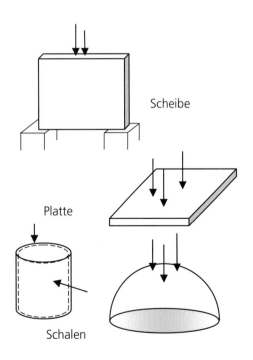

Abb. 5.2 Flächentragwerke

rung am Stützenkopf und Stützenfuß nur eine vertikale Kraft, z.B. von einem Träger zum Fundament, weitergeleitet werden.

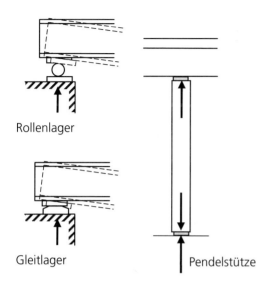

Abb. 5.3 Konstruktion – bewegliche Lager

In der Statik verwendet man üblicherweise das Symbol des Dreiecks mit einem zusätzlichen Strich als Kennung eines beweglichen Auflagers. Die Neigung des Symbols gibt die Verschiebungsrichtung des Lagers an.

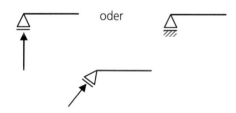

Abb. 5.4 Symbol – bewegliches Lager

Festes Auflager (2-wertiges Lager)

Ein festes Lager lässt keine Verschiebung des Lagerungspunktes zu, daraus resultiert eine schräg wirkende Auflagerkraft. Diese Auflagerkraft wird üblicherweise in ihren Kraftkomponenten in horizontaler und vertikaler Richtung z.B. mit A_h und A_v angegeben.

Eine Verdrehung am Auflagerpunkt ist ungehindert möglich.

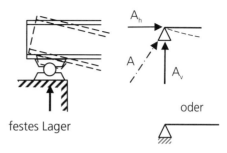

Abb. 5.5 Festes Lager

Einspannung (3-wertiges Lager)

Ist sowohl die Verdrehung des Lagerungspunktes als auch die Verschiebung in horizontaler als auch vertikaler Richtung behindert, spricht man von einer Einspannung. Neben den beiden Auflagerkräften wird ein Moment in der Einspannung aufgenommen.

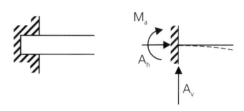

Abb. 5.6 Einspannung

5.3 Statische Bestimmtheit ebener, einteiliger Stabtragwerke

Betrachten wir Tragsysteme in der Ebene, so können wir feststellen, dass ein Körper 3 Freiheitsgrade in der Ebene hat – 2 Verschiebungen und 1 Verdrehung. Daraus abgeleitet stehen uns **3 Gleichgewichtsbedingungen** bei der statischen Berechnung zur Verfügung.

Ist a die Anzahl der Lagerreaktionen, so gilt für ein einteiliges ebenes Tragwerk:

    $a > 3$ statisch unbestimmte Lagerung,

    $a = 3$ statisch bestimmte Lagerung,

    $a < 3$ unbrauchbar, da beweglich.

Die drei unbekannten Auflagerreaktionen statisch bestimmt gelagerter Tragsysteme können mit diesen drei Gleichgewichtsbedingungen berechnet werden.

Tragwerke

Als Beispiele einfacher statisch bestimmter Tragsysteme seien der Einfeldträger und der Kragträger erwähnt.

Der **Einfeldträger** überspannt ein Feld und hat **zwei Lagerungspunkte,** wobei einer als festes Lager und einer als horizontal bewegliches Lager ausgebildet ist.

Der **Kragträger** ist lediglich in einem Punkt fixiert, kann aber an dieser Stelle auch ein Moment aufnehmen. Ein praktisches Beispiel ist eine frei auskragende Balkonplatte.

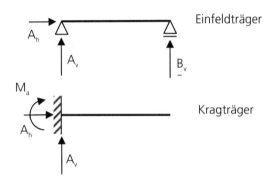

Abb. 5.7 Einfeldträger und Kragträger

Nehmen wir an einem Lagerungspunkt des Einfeldträgers die horizontale Fixierung weg, so verbleiben nur zwei vertikale Auflagerkräfte (a = 2). Wird der Träger jedoch von einer schrägen Kraft belastet, so verschiebt sich der ganze Träger und wird zu einem labilen und somit unbrauchbaren Tragsystem.

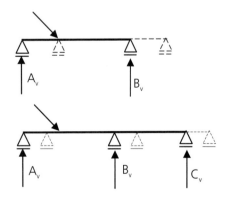

Abb. 5.8 Verschiebliche Träger

Erweitern wir den Träger um ein Feld mit einem zusätzlichen horizontal verschieblichen Auflager, so erhalten wir einen Zweifeldträger mit 3 unbekannten Auflagerreaktionen. Bei näherer Betrachtung stellt sich aber heraus, dass das System labil ist, da es in horizontaler Richtung verschoben werden kann. Daraus folgt, dass die Abzählbedingung allein nicht ausreichend ist, die statische Bestimmtheit von Tragsystemen festzustellen, wie auch das folgende Beispiel zeigt.

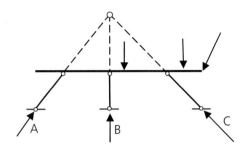

Abb. 5.9 Labiles Tragsystem

Der 2-Feldträger mit Kragarmen ist auf drei Pendelstützen gelagert, deren Wirkungslinien alle durch einen Punkt hindurchgehen. Unter der Einwirkung von Kräften wird der Träger der Beanspruchung nicht standhalten, sondern wird sich um den Drehpunkt verdrehen.

> **Ein ebenes Tragwerk ist statisch und kinematisch bestimmt gelagert, wenn**
>
> **als Lagerreaktionen 3 Kräfte, die nicht alle parallel sind, auftreten. (Diese 3 Kräfte dürfen aber kein zentrales Kraftsystem bilden),**
>
> **eine Einspannung mit 2 Kräften, die nicht parallel zueinander sind, und 1 Moment vorhanden ist.**

Bringen wir an einem statisch bestimmt gelagerten Tragwerk weitere Lager an, so treten mehr als drei Lagerreaktionen auf, z.B. Abb. 5.10.

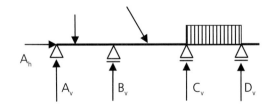

Abb. 5.10 Durchlaufträger

Eine Berechnung der Reaktionen aus den drei Gleichgewichtsbedingungen allein ist nicht möglich. Ein solches Tragwerk nennt man **statisch unbestimmt.** Zur

Ermittlung der Auflagerreaktionen und Schnittgrößen sind zusätzlich noch Formänderungsbedingungen erforderlich.

Allgemein heißt ein Tragwerk **n-fach statisch unbestimmt** gelagert, wenn die Anzahl der unbekannten Lagerreaktionen um n größer ist als die Anzahl der zur Verfügung stehenden Gleichgewichtsbedingungen.

Der Einfeldträger in Abb. 5.11 ist an einem Lagerungspunkt eingespannt, ein weiteres Lager ist horizontal verschieblich ausgebildet, d.h., vier Auflagerreaktionen weisen auf ein 1-fach statisch unbestimmtes Tragwerk hin.

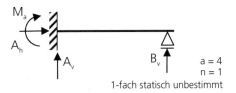

Abb. 5.11 Einfeldträger mit Einspannung

Abgewinkelte Stabtragwerke und Rahmen können auch unterschiedlich gelagert werden. Das Abzählkriterium kann zur Beurteilung der statischen Bestimmtheit herangezogen werden. Der **eingeschossige Rahmen** statisch bestimmt gelagert hat in der Praxis den Nachteil, dass ein Lagerungspunkt horizontal verschoben werden kann.

Fixieren wir beide Lagerungspunkte, sprechen wir vom **Zweigelenksrahmen.** Ist zumindest ein Fußpunkt eingespannt, muss die Verdrehung des Lagerungspunktes durch entsprechende Ausbildung des Fundamentes verhindert werden.

Bei den statisch unbestimmten Stabtragwerken muss auch bedacht werden, dass sie auch innerlich statisch unbestimmt sein können. Das trifft z.B. auf Stockwerksrahmen und Trägerroste zu.

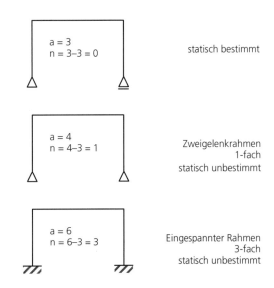

Abb. 5.12 Abzählkriterium Rahmen

Aufgrund der Abzählbedingung der äußerlichen statischen Bestimmtheit ist der zweistöckige Rahmen nach Abb. 5.13 3-fach statisch unbestimmt.

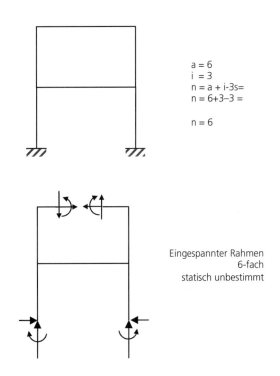

Abb. 5.13 Zweistöckiger Rahmen

Tragwerke

Die inneren Kräfte sind aber nicht berechenbar, weitere 3 Unbekannte werden als 3-fach innerlich statisch unbestimmt erkannt. Auf die detaillierte Abzählbedingung für innerlich statisch unbestimmte Tragsysteme wird im Rahmen dieses Buches verzichtet.

Die Berechnung hochgradig statisch unbestimmter Tragsysteme wird heutzutage nur mehr mit EDV-Unterstützung durchgeführt, da ein händisches Aufstellen und Lösen der Gleichgewichts- und Formänderungsbedingungen sehr aufwendig ist und letztendlich die Auswertung für verschiedenste Beanspruchungsarten einen erheblichen Aufwand darstellt.

5.4 Mehrteilige Tragwerke

Tragwerke bestehen oft nicht nur aus einem einzigen, sondern aus einer Vielzahl von starren Körpern, die in geeigneter Weise miteinander verbunden sind. Die Verbindungselemente übertragen Kräfte bzw. Momente, die man durch Schnitte sichtbar machen kann.

Die Verbindung zwischen je zwei starren Teilkörpern kann z.B. durch einen **Pendelstab S** ausgeführt werden. Schneidet man die beiden Träger im Bereich des Stabes durch, ist im Verbindungsstab die unbekannte Stabkraft S anzusetzen. Die Kraft am rechten bzw. linken Schnittufer muss gleich groß aber entgegengesetzt gerichtet sein (actio = reactio).

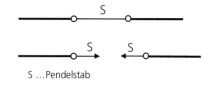

Abb. 5.14 Pendelstab als Verbindung

Häufig werden zwei Tragwerksteile mit einem **Gelenk** zusammengefügt, z.B. zwei Träger aus Stahl oder Holz.

Das Gelenk muss so ausgebildet sein, dass sich die beiden Tragwerksteile im Gelenkspunkt nicht unterschiedlich in horizontaler und vertikaler Richtung verschieben können. Eine unterschiedliche Verdrehung ist möglich. Daraus folgt, dass im Gelenk 2 Kräfte übertragen werden, das Moment ist im Gelenkspunkt null.

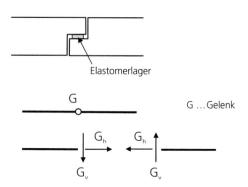

Abb. 5.15 Gelenksausbildung

Schneidet man die beiden Tragwerksteile im Gelenk durch, sind die beiden unbekannten Gelenkskräfte G_h und G_v anzubringen.

Eine sogenannte **Parallelführung** wird eher selten ausgeführt. Dabei soll über ein geeignetes Verbindungselement eine Normalkraft und ein Moment übertragen werden.

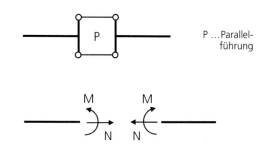

Abb. 5.15 Parallelführung

Eine gegenseitige, vertikale Verschiebung der angeschlossenen Tragwerksteile ist möglich.

Zur Beurteilung der statischen Bestimmtheit von mehrteiligen Tragsystemen muss die Abzählbedingung entsprechend angepasst werden. Je Tragwerksteil s stehen uns drei Gleichgewichtsbedingungen zur Verfügung. Die Unbekannten sind die Auflagerreaktionen (a) und die Verbindungskräfte bzw. -momente (g).

Daraus folgt:

a + g > 3·s   statisch unbestimmte Lagerung,

a + g = 3·s   statisch bestimmte Lagerung,

a + g < 3·s   unbrauchbar, da beweglich.

Gelenksträger

Betrachten wir einen 3-Feldträger mit Kragarm als Durchlaufträger, stellen wir fest, dass das Tragsystem 2-fach statisch unbestimmt ist.

Wird der Durchlaufträger aber in drei Teilen hergestellt und werden die Teile an den zwei Verbindungsstellen gelenkig miteinander verbunden, entsteht ein dreiteiliges Tragsystem mit fünf unbekannten Auflagerreaktionen (a = 5) und vier Gelenkskräften (g = 2·2 = 4).

Daraus folgt

$a + g = 9 = 3 \cdot s = 3 \cdot 3 = 9$

als statisch bestimmtes Tragsystem, bei dem alle Unbekannten mit den Gleichgewichtsbedingungen gelöst werden können.

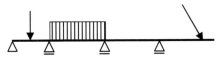

3-Feldträger mit Kragarm
2-fach statisch unbestimmt

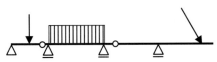

Gelenksträger
statisch bestimmt

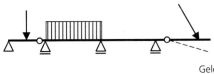

Gelenksträger
labiles System

Abb. 5.16 Gelenksträger

Gelenksträger werden auch **Gerberträger** genannt, da diese Konstruktionsform auf den deutschen Bauingenieur Heinrich Gerber (1832–1912) zurückgeführt werden kann.

Eine gedankenlose Anordnung eines Gelenkes kann aber zu einem labilen System führen, in Abb. 5.16. klappt der Kragarm hinunter und kann die Belastung nicht aufnehmen.

In Abb. 5.17 wird am Beispiel eines Dreifeldträgers die mögliche Anordnung von Gelenken und die Anwendung des Schnittprinzips zur Berechnung der Gelenks- und Auflagerkräfte schrittweise gezeigt.

(a)
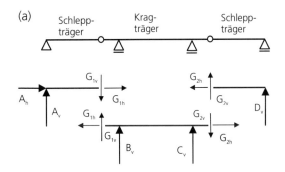

(b)
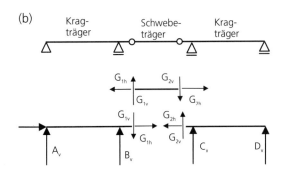

(c)
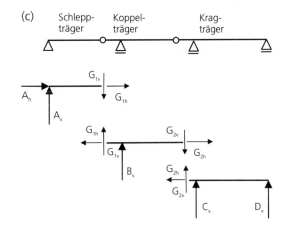

Abb. 5.17 Schnittprinzip Gelenkträger

In System (a) wird jeweils in den beiden Randfeldern ein Gelenk eingeführt. Entsprechend dem Bauablauf wird zuerst der Einfeldträger mit Kragarmen auf die mittleren Lagerungspunkte gesetzt, die beiden Randträger leiten ihre Lasten einerseits in die äußeren Lager und andererseits auf den Kragträger weiter, d.h., sie stützen sich auf den mittleren Träger ab. Sie werden auch Schleppträger genannt.

Tragwerke

In System (b) werden die beiden Randträger als Kragträger zuerst errichtet. Der mittlere Träger – auch Schwebeträger genannt – überträgt seine Lasten nur auf diese beiden äußeren Träger.

In System (c) erfolgt der Aufbau des Systems von der rechten Seite weg mit dem Einfeldträger mit Kragarm, auf den sich der mittlere Koppelträger stützt. Die Lastfortleitung vom rechten Schleppträger hat ebenfalls Auswirkungen auf den Kragträger.

Zusammenfassend halten wir fest, dass in einem Innenfeld 2 Gelenke vorhanden sein dürfen. In einem Randfeld ist nur ein Gelenk zulässig, da das System sonst labil ist.

Dreigelenksrahmen und -bogen

Will man aus dem Zweigelenksrahmen bzw. -bogen ein statisch bestimmtes Tragsystem konstruieren, muss man ein Gelenk einfügen.

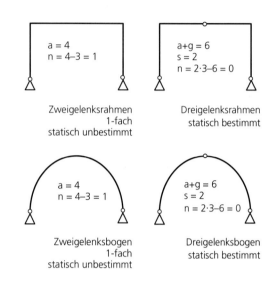

Abb. 5.18 Dreigelenksrahmen und -bogen

Der Vorteil von statisch bestimmten Tragsystemen liegt vor allem darin, dass sie gegenüber Bauteilsetzungen und Temperaturbeanspruchungen unempfindlich sind, da sie sich nahezu zwängungsfrei verformen können.

5.5 Aufgaben zu Kapitel 5

Aufgabe 1: Träger

Ermitteln Sie für folgende Träger die statische Bestimmtheit.

 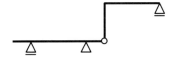

Aufgabe 2: Statisch bestimmte Träger

Machen Sie durch Einfügen von Gelenken die dargestellten Träger statisch bestimmt.

 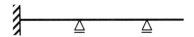

Aufgabe 3: Rahmen

Ermitteln Sie für folgende Rahmentragwerke die statische Bestimmtheit.

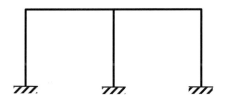 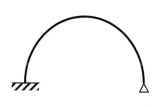 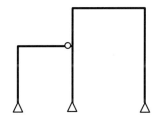

Aufgabe 4: Statisch bestimmte Rahmen

Machen Sie durch Einfügen von Gelenken die dargestellten Rahmen statisch bestimmt.

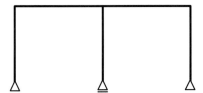 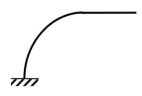 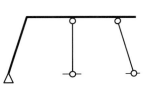

6 Statisch bestimmte Träger

6.1 Ermittlung der Auflagerreaktionen

Die Auflagerreaktionen statisch bestimmter, ebener Tragsysteme werden über die drei Gleichgewichtsbedingungen ermittelt.

> **3 Gleichgewichtsbedingungen**
> $\sum H = 0 \quad \sum V = 0 \quad \sum M = 0$

Beispielhaft ist der in Abb. 6.1 dargestellte **Einfeldträger** an seinen Enden gelagert.

Das linke Auflager (0) kann sowohl eine horizontale als auch eine vertikale Auflagerkraft aufnehmen. Der rechte Lagerungspunkt (1) ist horizontal verschieblich und kann aus diesem Grund nur eine vertikale Reaktionskraft aufnehmen.

Beispiel 1: Einfeldträger

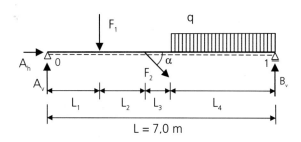

Abb. 6.1 Auflagerreaktionen Einfeldträger

Gegeben:

$L_1 = 1{,}6$ m $\quad L_2 = 1{,}4$ m $\quad L_3 = 0{,}8$ m $\quad L_4 = 3{,}2$ m

$L = L_1 + L_2 + L_3 + L_4 = 7{,}0$ m

Belastung

$F_1 = 17{,}2$ kN $\quad F_2 = 11{,}5$ m ($\alpha = 57°$) $\quad q = 2{,}5$ kN/m

Gesucht:

Auflagerreaktionen für die angegebene Belastung.

Auflagerreaktionen

Aus der Gleichgewichtsbedingung der horizontalen Kräfte erhalten wir A_h.

$\sum H = 0 : A_h + F_2 \cdot \cos\alpha = 0$

$\Rightarrow A_h = -11{,}5 \cdot \cos 57° = -6{,}26$ kN

Setzt man das Momentengleichgewicht bezogen auf den Lagerpunkt 1 an, erhält man die unbekannte vertikale Auflagerkraft A_v.

$\sum M_1 = 0 : A_v \cdot L - F_1 \cdot (L_2 + L_3 + L_4) - $
$\qquad - F_2 \cdot \sin\alpha \cdot (L_3 + L_4) - q \cdot L_4^2 \cdot \tfrac{1}{2} = 0$

$A_v = \dfrac{1}{7} \cdot (17{,}2 \cdot 5{,}4 + 11{,}5 \cdot \sin 57° \cdot 4{,}0 + 2{,}5 \cdot 3{,}2^2 \cdot 0{,}5)$

$\Rightarrow A_v = 20{,}61$ kN

In gleicher Weise führt das Momentengleichgewicht um den Punkt 0 zum Ergebnis von B_v.

$\sum M_0 = 0 : B_v \cdot L - F_1 \cdot L_1 - $
$\qquad - F_2 \cdot \sin\alpha \cdot (L_1 + L_2) - q \cdot L_4 \cdot (L - \tfrac{1}{2}L_4) = 0$

$B_v = \dfrac{1}{7} \cdot (17{,}2 \cdot 1{,}6 + 11{,}5 \cdot \sin 57° \cdot 3{,}0 + 2{,}5 \cdot 3{,}2 \cdot 5{,}4)$

$\Rightarrow B_v = 14{,}24$ kN

Es ist aber auch möglich, bei Kenntnis einer vertikalen Auflagerkraft die zweite vertikale Unbekannte über das Kräftegleichgewicht der vertikalen Kräfte zu berechnen. Diese Bedingung kann auch als Rechenkontrolle herangezogen werden.

Kontrolle:

$\sum V = 0 : A_v + B_v - F_1 - F_2 \cdot \sin\alpha - q \cdot L_4 = 0$

$20{,}61 + 14{,}24 - 17{,}2 - 11{,}5 \cdot \sin 57° - 2{,}5 \cdot 3{,}2 = 0$

Beim **Kragträger** erfolgt die Lagerung lediglich in einem Punkt – der **Einspannung**, in der eine horizontale, eine vertikale Auflagerkraft und ein Moment aufgenommen werden müssen.

Beispiel 2: Kragträger

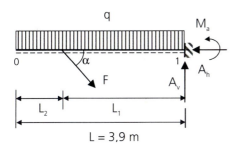

Abb. 6.2 Auflagerreaktionen Kragträger

Gegeben:

$L_1 = 2{,}8$ m $\quad L_2 = 1{,}1$ m $\quad L = L_1 + L_2 = 3{,}9$ m

$F_1 = 20{,}4$ kN $\quad \alpha = 41°$ $\quad q = 3{,}0$ kN/m

Gesucht:

Auflagerreaktionen für die angegebene Belastung.

Auflagerreaktionen

Aus den drei Gleichgewichtsbedingungen ermitteln wir die unbekannten Lagerreaktionen.

$\sum H = 0: A_h - F \cdot \cos\alpha = 0$

$\Rightarrow A_h = 20{,}4 \cdot \cos 41° = 15{,}4$ kN

$\sum V = 0: A_v - F \cdot \sin\alpha - q \cdot L = 0$

$\Rightarrow A_v = 20{,}4 \cdot \sin 41° + 3{,}0 \cdot 3{,}9 = 25{,}08$ kN

$\sum M_0 = 0: M_a + F \cdot \sin\alpha \cdot L_1 + q \cdot L^2 \cdot \frac{1}{2} = 0$

$\Rightarrow M_a = -20{,}4 \cdot \sin 41° \cdot 2{,}8 - 3{,}0 \cdot 3{,}9^2 \cdot \frac{1}{2}$
$M_a = -60{,}29$ kNm

Die Reaktionskräfte bei Einfeldträgern mit Kragarm, geneigten und geknickten statisch bestimmten Systemen werden in der gleichen Weise ermittelt.

6.2 Schnittgrößen

Bisher wurden bei der Untersuchung statischer Systeme lediglich die äußeren Reaktionskräfte, d.h. Auflagerreaktionen, mithilfe der Gleichgewichtsbedingungen ermittelt. Dieses Kapitel beschäftigt sich mit den inneren Kräften von Balkentragwerken. Die inneren Kräfte sind ein Maß für die Materialbeanspruchung eines Bauteils.

Die Berechnung der inneren Kräfte ist erforderlich, damit man Querschnitte dimensionieren und ihre Tragfähigkeit untersuchen kann.

Definition und Vorzeichen der Schnittgrößen

Beanspruchungen im Inneren eines Körpers lassen sich ermitteln, indem man den Körper gedanklich durchschneidet, d.h., das **Schnittprinzip** anwendet.

Ein Bauteil, der in einer Ebene beansprucht wird, hat entsprechend seinen drei Freiheitsgraden drei innere Schnittgrößen – die **Normalkraft (N)**, die **Querkraft (V)** und das **Biegemoment (M)**. Diese Kraftgrößen drücken die resultierende Wirkung der Beanspruchung im Querschnitt eines Tragelementes aus.

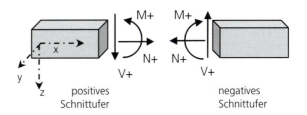

Abb. 6.3 Lokales Koordinatensystem

Aus Gleichgewichtsgründen sind die Schnittgrößen an beiden Schnittufern betragsmäßig gleich groß, aber entgegengesetzt gerichtet. Um die Wirkung der unterschiedlichen Tragelemente vergleichen zu können, wird ein einheitliches, **lokales Koordinatensystem** eingeführt.

Die x-Achse zeigt in Richtung der Stabachse – üblicherweise von links nach rechts – und wird Bezugslinie genannt.

Die z-Achse zeigt senkrecht zur Balkenachse nach unten.

Die y-Achse wird senkrecht zur Systemebene in Richtung des Betrachters angesetzt.

Diese Achsenfestlegung entspricht einem rechtsdrehenden Koordinatensystem.

Aufgrund des Schnittprinzips unterscheiden wir ein linkes und ein rechtes Schnittufer. Gemäß Abb. 6.3 zeigt am linken Schnittufer die Normalkraft in Richtung der positiven x-Achse und die Querkraft in Richtung der positiven z-Achse. Demzufolge wird das linke Schnittufer auch positives Schnittufer genannt.

Statisch bestimmte Träger

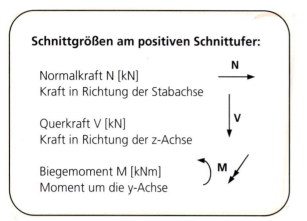

Das Symbol des Drehpfeils für das Biegemoment kann auch die Form eines Doppelpfeils in Richtung der Drehachse haben.

Das positive Vorzeichen des Biegemomentes ist definiert, wenn die Drehachse bei Rechtsdrehung des Momentes in die positive, lokale y-Koordinatenachse zeigt.

Zerlegt man das Biegemoment M in ein in der Wirkung gleichwertiges Kräftepaar mit D (Druckkraft) und Z (Zugkraft), wird deutlich, dass der untere Querschnittsrand gezogen, der obere Querschnittsrand gedrückt wird.

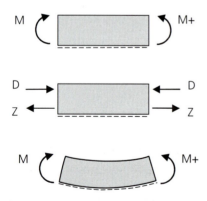

Abb. 6.4 Biegemoment

Betrachten wir ein Balkenelement, erkennen wir, dass ein Balkenelement gekrümmt bzw. verbogen wird. Daraus lässt sich der Begriff des Biegemomentes ableiten. Jener Querschnittsrand eines Balkens, der bei der Wirkung eines positiven Biegemomentes gezogen und damit verlängert wird, wird durch die sogenannte **Kennfaser** symbolisiert. Üblicherweise stellt man die Kennfaser als strichlierte Linie dar.

Entsprechend der allgemeinen Vorzeichenfestlegung für Schnittgrößen, liegt die Kennfaser bei Biegebalken immer an der Unterseite des Tragsystems.

Ermittlung der Zustandslinien

Für die Beurteilung des Tragverhaltens eines Tragsystems genügt es nicht, die Schnittgrößen nur für eine Stelle zu berechnen, vielmehr ist es notwendig, den Verlauf der Schnittgrößen entlang der gesamten Balkenachse zu kennen.

Mithilfe der Gleichgewichtsbedingungen lassen sich für jeden Querschnitt eines Trägers die Schnittgrößen berechnen. Diese Werte trägt man an der betrachteten Schnittstelle senkrecht zur Trägerachse als Ordinaten auf. Die Verbindungslinie dieser Ordinatenpunkte ergibt dann die **Normalkraft-, Querkraft bzw. Biegemomentenlinie.** Allgemein bezeichnet man diese grafischen Darstellungen der Schnittgrößenverläufe als Zustandslinien.

Die Flächen zwischen Trägerachse und Schnittgrößenlinie nennt man entsprechend Normalkraft-, Querkraft- und Biegemomentenfläche. Sie ergeben ein anschauliches Bild des Verlaufs der inneren Kräfte entlang der Trägerachse, insbesondere über den Ort und die Größe der für die Dimensionierung maßgebenden Extremwerte der Schnittgrößen.

6.3 Einfeldträger

Im Folgenden werden anhand einiger Beispiele die Auflagerreaktionen und Schnittgrößen für Einfeldträger mit unterschiedlichen Belastungsarten ermittelt. Die dazugehörigen charakteristischen Zustandslinien werden dargestellt und interpretiert.

Einfeldträger mit Einzelkraft

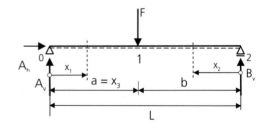

Abb. 6.5 Träger mit Einzellast

Für den Einfeldträger mit einer vertikal wirkenden Einzelkraft werden mithilfe der Gleichgewichtsbedingungen sowohl die Auflagerreaktionen als auch Schnittgrößen ermittelt.

Auflagerreaktionen

$$A_h = 0$$
$$A_v = \frac{F \cdot b}{L}$$
$$B_v = \frac{F \cdot a}{L}$$

Schnittgrößen

Schnittgrößen an der Stelle x_1:

Die Schnittgrößen an der Stelle x_1 ergeben sich aus den Gleichgewichtsbedingungen für das abgeschnittene, linke Teilsystem.

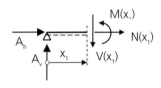

Abb. 6.6 Schnittgrößen bei x_1

$\sum M = 0 : M(x_1) - A_v x_1 = 0 \Rightarrow M(x_1) = A_v x_1$

$\sum V = 0 : V(x_1) - A_v = 0 \Rightarrow V(x_1) = A_v$

$\sum N = 0 : N(x_1) - A_h = 0 \Rightarrow N(x_1) = 0$

Die mathematische Funktion für den Querkraftverlauf zeigt, dass die Querkraft konstant, unabhängig von x_1 in der Größe der Auflagerkraft A_v ist.

Der Biegemomentenwert ist linear abhängig vom Abstand zum linken Lagerungspunkt.

Die Normalkraft ist null, da keine horizontale Einwirkung vorhanden ist.

Schnittgrößen an der Stelle x_2:

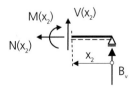

Abb. 6.7 Schnittgrößen bei x_2

Für die Stelle x_2 werden die Gleichgewichtsbedingungen für den rechten Teil angeschrieben.

$\sum M = 0 : M(x_2) - B_v x_2 = 0 \Rightarrow M(x_2) = B_v x_2$

$\sum V = 0 : V(x_2) + B_v = 0 \Rightarrow V(x_2) = -B_v$

$\sum N = 0 : N(x_2) = 0 \Rightarrow N(x_2) = 0$

Auch für diesen Schnitt ist erkennbar, dass der Querkraftverlauf unabhängig von x_2 und das Biegemoment linear veränderlich mit x_2 ist.

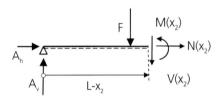

Abb. 6.8 Schnitt rechts der Kraft

Wählt man für den Schnitt an der Stelle x_2 das linke Teilsystem, muss die einwirkende Kraft F in den Gleichgewichtsbedingungen mitberücksichtigt werden. Das Endergebnis muss aus Gleichgewichtsgründen mit dem Ergebnis des rechten Teiles übereinstimmen.

$\sum M = 0 : A_v(L - x_2) - F \cdot (L - x_2 - a) - M(x_2) = 0$
$$\Rightarrow M(x_2) = A_v(L - x_2) - F \cdot (L - x_2 - a)$$

$\sum V = 0 : V(x_2) - A_v + F = 0$
$$\Rightarrow V(x_2) = A_v - F$$

$\sum N = 0 : N(x_2) = 0$
$$\Rightarrow N(x_2) = 0$$

Zustandslinien

Möchte man das Biegemoment an der Krafteinleitungsstelle berechnen, ist in der Gleichgewichtsbedingung für den linken Teil lediglich x_1 durch a bzw. für den rechten Teil x_2 durch b zu ersetzen. Es folgt daraus das Biegemoment an der Stelle c.

Dieser Wert stellt das maximale Biegemoment für diesen Träger mit

$$M_c = \frac{F \cdot a \cdot b}{L} = M_{max}$$

dar. An beiden Lagerungspunkten sind die Biegemomentenwerte aufgrund der gelenkigen Lagerung null.

Statisch bestimmte Träger

Bei der Berechnung der Querkraftlinie ist zwischen dem Bereich links und rechts von der Kraft zu unterscheiden, wobei jeweils der Verlauf konstant ist.

Wir erkennen an der Zustandslinie der Querkraft, dass die Größe beim linken Auflager gleich der Auflagerkraft A_v und beim rechten Auflager gleich dem negativen Wert der Auflagerkraft B_v ist. An der Krafteinleitungsstelle macht die Querkraftlinie einen Sprung in der Größe der einwirkenden Kraft F und wechselt das Vorzeichen. An dieser Stelle zeigt die Biegemomentenlinie den Maximalwert.

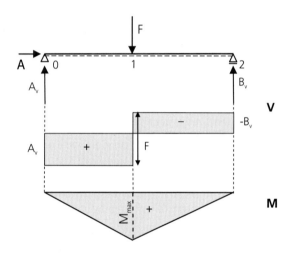

Abb. 6.9 Zustandslinien

Dieser mathematische Zusammenhang zwischen maximalem Biegemoment und Querkraftnulldurchgang wird in einem späteren Kapitel ausführlich erläutert.

Einfeldträger mit Gleichlast

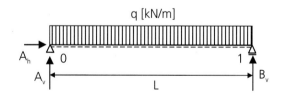

Abb. 6.10 Einfeldträger mit Gleichlast

Auflagerreaktionen

Die resultierende Gesamtlast der Gleichlastbeanspruchung in der Größe von

$$R = q \cdot L$$

wirkt im Schwerpunkt der Lastfläche also in Trägermitte. Aus Symmetriegründen sind die beiden vertikalen Auflagerkräfte gleich groß.

$$A_v = B_v = \frac{q \cdot L}{2} = \frac{R}{2}$$

Da keine horizontale Einwirkung vorhanden ist, ist die horizontale Auflagerkraft null.

$$A_h = 0$$

Schnittgrößen

Zur Ermittlung der Schnittgrößen schneiden wir den Balken an einer beliebigen Stelle x gedanklich durch und setzen die Gleichgewichtsbedingungen an.

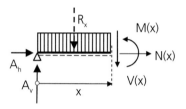

Abb. 6.11 Schnitt

Für das Teilsystem kann die Belastung auf dem Trägerstück der Länge x als Teilresultierende $R_x = q \cdot x$ ausgedrückt werden, es darf aber aus Gleichgewichtsgründen nicht die Gesamtresultierende R angesetzt werden.

$$\sum H = 0 : N(x) = 0 \quad\Rightarrow\quad N(x) = 0$$

$$\sum V = 0 : V(x) - A_v + q \cdot x = 0 \quad\Rightarrow\quad V(x) = q \cdot \left(\frac{L}{2} - x\right)$$

$$\sum M = 0 : M(x) - A_v x + q \cdot x \cdot \frac{x}{2} = 0$$

$$\Rightarrow\quad M(x) = \frac{q \cdot x}{2} \cdot (L - x)$$

Zustandslinien

Die Querkraft V ändert sich linear längs der Trägerachse. Der Maximalwert tritt am linken Auflager auf und entspricht der Auflagerkraft A_v. Entsprechend liegt der Minimalwert beim linken Lagerungspunkt und ist mit dem negativen Wert von B_v gleichzusetzen.

$$V_{max} = \frac{q \cdot L}{2} = A_v$$

$$V_{min} = -\frac{q \cdot L}{2} = -B_v$$

Die Biegemomentenwerte ändern sich entsprechend einer quadratischen Funktion von x, d.h., die Gleichgewichtsbedingung entspricht der Funktion einer quadratischen Parabel. An den beiden Lagerungspunkten sind die Biegemomentenwerte null.

$$M_0 = M_1 = 0$$

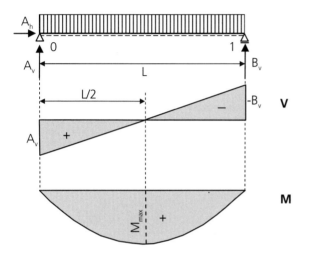

Abb. 6.12 Zustandslinien

Das Maximum tritt in Feldmitte auf.

$$M_{max} = \frac{q \cdot L^2}{8} \quad \text{bei} \quad x = \frac{L}{2}$$

Ganz allgemein gilt mathematisch, dass man den Maximalwert einer Funktion erhält, indem man die Nullstelle der Ableitung der Funktion bildet.

$$\frac{dM}{dx} = \frac{q \cdot L}{2} - q \cdot x = 0 = V(x)$$

$$\Rightarrow x = \frac{L}{2}$$

Die Ableitung der Funktion der Biegemomente entspricht der Funktion der Querkraft.

> **An jener Stelle, an der die Querkraftlinie einen Nulldurchgang zeigt, ist der Biegemomentenwert ein Extremwert.**

Einfeldträger mit Streckenlast

Die Berechnung der Auflagerreaktionen und Schnittgrößen für den Träger wird anhand eines Rechenbeispiels erläutert.

Beispiel 3: Einfeldträger mit Streckenlast

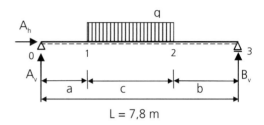

Abb. 6.13 Einfeldträger mit Streckenlast

Gegeben:

a = 1,8 m   b = 2,6 m   c = 3,4 m   L = 7,8 m

q = 32 kN/m

Gesucht:

Auflagerreaktionen und Schnittgrößen.

Im Unterschied zur Gleichlastbeanspruchung muss für die hier behandelte Belastungsart bei der Ermittlung der Schnittgrößen der Träger in drei Bereiche unterteilt werden, einerseits in die beiden unbelasteten Teile mit den Abmessungen a und b und andererseits in den belasteten Abschnitt mit der Länge c.

Auflagerreaktionen

$$A_h = 0$$

$$A_v = \frac{q \cdot c}{L}\left(b + \frac{c}{2}\right) = \frac{32 \cdot 3,4 \cdot (2,6 + 1,7)}{7,8} = 59,98 \text{ kN}$$

$$B_v = \frac{q \cdot c}{L}\left(a + \frac{c}{2}\right) = \frac{32 \cdot 3,4 \cdot (1,8 + 1,7)}{7,8} = 48,82 \text{ kN}$$

Lastkontrolle:

$$\Sigma V = 0 : A_v + B_v - q \cdot L = 0$$

$$\Rightarrow 59,98 + 48,42 - 32 \cdot 3,4 = 0$$

Statisch bestimmte Träger

Schnittgrößen

Bereich 0–1:

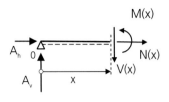

Abb. 6.14 Schnitt Bereich 0–1

$\sum H = 0 : N(x) = 0 \quad \Rightarrow \quad N(x) = 0$

$\sum V = 0 : V(x) - A_v = 0 \quad \Rightarrow \quad V(x) = A_v$

$\sum M = 0 : M(x) - A_v x = 0 \quad \Rightarrow \quad M(x) = A_v \cdot x$

Die Auswertung ergibt für die Bereichsgrenzen $x = 0$ und $x = a$ folgende Werte:

$V_{x=0} = 59{,}98 \text{ kN} \qquad V_{x=a} = 59{,}98 \text{ kN}$

$M_{x=0} = 0 \text{ kNm} \qquad M_{x=a} = 107{,}96 \text{ kNm}$

Bereich 1–2:

$\sum H = 0 : N(x) = 0 \quad \Rightarrow \quad N(x) = 0$

$\sum V = 0 : V(x) - A_v + q \cdot (x-a) = 0$

$\Rightarrow V(x) = A_v - q(x-a)$

$\sum M = 0 : M(x) - A_v x + q \cdot (x-a) \cdot \dfrac{(x-a)}{2} = 0$

$\Rightarrow M(x) = A_v \cdot x - q\dfrac{(x-a)^2}{2}$

Die Auswertung ergibt für die Bereichsgrenzen $x = a$ und $x = a + c$ folgende Werte:

$V_{x=a} = 59{,}98 \text{ kN} \qquad V_{x=a+c} = -48{,}82 \text{ kN}$

$M_{x=a} = 107{,}96 \text{ kNm} \qquad M_{x=a+c} = 126{,}93 \text{ kNm}$

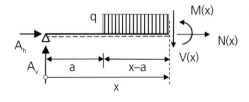

Abb. 6.15 Schnittbereich 0–2

Das maximale Biegemoment M_{max} liegt in diesem Bereich, da die Querkraft ihr Vorzeichen wechselt, d.h., wir berechnen jene Stelle x_0, an der die Querkraft null ist.

$V(x_0) = A_v - q(x_0 - a) = 0$

$x_0 = \dfrac{A_v}{p} + a = \dfrac{59{,}98}{32} + 1{,}8 = 3{,}67 \text{ m}$

$\Rightarrow M_{x_0} = M_{max} = A_v \cdot x_0 - q\dfrac{(x_0 - a)^2}{2} = 164{,}18 \text{ kNm}$

Bereich 2–3:

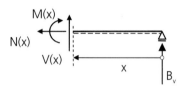

Abb. 6.16 Schnittbereich 2–3

Es ist empfehlenswert, den dritten Bereich von rechts aus zu betrachten.

$\sum H = 0 : N(x) = 0 \quad \Rightarrow \quad N(x) = 0$

$\sum V = 0 : V(x) + B_v = 0 \quad \Rightarrow \quad V(x) = -B_v$

$\sum M = 0 : M(x) - B_v x = 0 \quad \Rightarrow \quad M(x) = B_v \cdot x$

Die Auswertung ergibt für die Bereichsgrenzen $x = 0$ und $x = b$ folgende Werte:

$V_{x=0} = -48{,}82 \text{ kN} \qquad V_{x=b} = -48{,}82 \text{ kN}$

$M_{x=0} = 0 \text{ kNm} \qquad M_{x=b} = 126{,}93 \text{ kNm}$

Zustandslinien

Charakteristisch für die Schnittgrößenverläufe ist, dass die Querkraft konstant in den unbelasteten Bereichen verläuft. Im mittleren Bereich ändern sich die Werte linear.

Der Biegemomentenverlauf ist in den Randbereichen linear, im mittleren Bereich verläuft er entsprechend der Gleichlastbeanspruchung entlang einer parabolischen Funktion. Das Maximalmoment ist an der Stelle des Nulldurchgangs der Querkraft abzulesen.

Statisch bestimmte Träger

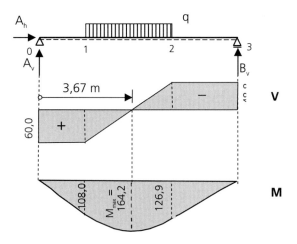

Abb. 6.17 Zustandslinien

Einfeldträger mit Dreieckslast

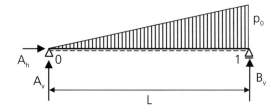

Abb. 6.18 Einfeldträger mit Dreieckslast

Auflagerreaktionen

Die Resultierende der Dreieckslast geht durch den Schwerpunkt der Lastfläche im Abstand von $L/3$ vom rechten Auflagerpunkt und nimmt die Größe von

$$R = \frac{p_0 \cdot L}{2}$$

an. Daraus resultieren die Auflagerreaktionen mit

$$A_h = 0, \quad A_v = \frac{p_0 \cdot L}{6}, \quad B_v = \frac{p_0 \cdot L}{3}.$$

Schnittgrößen

Zur Ermittlung der Schnittgrößen schneiden wir den Balken an einer beliebigen Stelle x gedanklich durch und setzen die Gleichgewichtsbedingungen an.

$$\sum H = 0 : N(x) = 0 \quad \Rightarrow \quad N(x) = 0$$

$$\sum V = 0 : V(x) - A_v + p(x) \cdot \frac{x}{2} = 0$$

$$\Rightarrow V(x) = p\left(\frac{L}{6} - \frac{x^2}{2L}\right) \qquad p(x) = p_0 \frac{x}{L}$$

$$\sum M = 0 : M(x) - A_v x + p \cdot \frac{x}{2} \cdot \frac{x}{3} = 0$$

$$\Rightarrow M(x) = p\left(\frac{L \cdot x}{6} - \frac{x^3}{6L}\right)$$

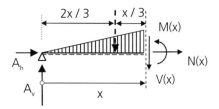

Abb. 6.19 Schnittprinzip

Der Querkraftverlauf ist parabolisch, der Biegemomentenverlauf folgt einer kubischen Parabel, d.h., die Variable x ist in 3. Potenz in der Gleichung enthalten.

Berechnung der Nullstelle der Querkraftfunktion:

$$V(x_0) = p\left(\frac{L}{6} - \frac{x_0^2}{2L}\right) = 0$$

$$x_0 = \frac{L}{\sqrt{3}} \qquad M_{max} = \frac{p \cdot L^2}{9\sqrt{3}}$$

An den Auflagerpunkten sind die Biegemomente null.

Zustandslinien

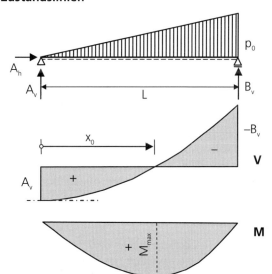

Abb. 6.20 Zustandslinien Einfeldträger mit Dreieckslast

Bei der Konstruktion der Querkraftlinien ist zu beachten, dass beim linken Lagerungspunkt die Parabel eine horizontale Tangente aufweist und mit zunehmendem Abstand zu diesem Punkt steiler geneigt ist.

Statisch bestimmte Träger

Einfeldträger mit Einzelmoment

Die Einzelmomentenbelastung kann z.B. durch einen angeschlossenen Bauteil bzw. durch eine exzentrische Lasteinleitung verursacht werden.

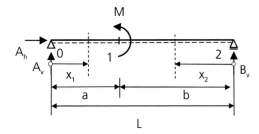

Abb. 6.21 Einfeldträger mit Einzelmomentenangriff

Es stellt sich die Frage, ob für diese Einwirkungsart Reaktionskräfte und Schnittgrößen auftreten.

Dies soll anhand des folgenden Beispiels analysiert werden.

Auflagerreaktionen

Entsprechend den Grundprinzipien werden die Gleichgewichtsbedingungen angesetzt.

$\sum H = 0 : A_h = 0$

$\sum M_0 = 0 : B_v \cdot L + M = 0 \quad \Rightarrow B_v = -\dfrac{M}{L}$

$\sum M_2 = 0 : -A_v \cdot L + M = 0 \quad \Rightarrow A_v = +\dfrac{M}{L}$

Kontrolle:

$\sum V = 0 : A_v + B_v = 0$

Die vertikalen Auflagerkräfte A_v und B_v bilden ein Kräftepaar, das dem einwirkenden Moment entgegenwirkt. Für die Größe der beiden Auflagerkräfte ist der Ort des Momentes nicht maßgebend.

Schnittgrößen

Die beiden Teilbereiche – links bzw. rechts des angreifenden Momentes – werden getrennt untersucht.

Bereich 0–1:

$\sum H = 0 : N(x_1) = 0 \quad \Rightarrow N(x_1) = 0$

$\sum V = 0 : V(x_1) - A_v = 0 \quad \Rightarrow V(x_1) = A_v$

$\sum M = 0 : M(x_1) - A_v x_1 = 0 \quad \Rightarrow M(x_1) = A_v \cdot x_1$

Bereich 1–2:

$\sum H = 0 : N(x_2) = 0 \quad \Rightarrow N(x_2) = 0$

$\sum V = 0 : V(x_2) + B_v = 0 \quad \Rightarrow V(x_2) = -B_v$

$\sum M = 0 : M(x_2) - B_v \cdot x_2 = 0 \quad \Rightarrow M(x_2) = B_v \cdot x_2$

Zustandslinien

Die Funktion der Querkraft zeigt sowohl für beide Bereiche einen konstanten Wert in der Größe von

$A_v = -B_v$.

Die Biegemomentenwerte sind bei den Auflagerpunkten null und nehmen im linken Teil bis zur Momenteneinleitungsstelle linear zu. An dieser Stelle entsteht ein Sprung in der Größe des einwirkenden Momentes M. Die Momentenwerte im rechten Teil sind negativ und klingen zu null im Punkt 2 ab.

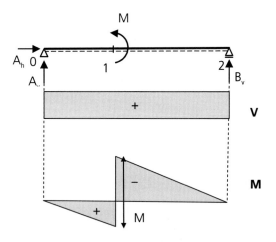

Abb. 6.22 Zustandslinien Einfeldträger mit Einzelmoment

6.4 Zusammenhang zwischen Belastung, Querkraft und Biegemoment

Wir schneiden aus einem durch eine Gleichlast belasteten Träger ein kleines Stück der Länge dx heraus und stellen für dieses Trägerelement eine allgemeine Beziehung zwischen Schnittgrößen und vertikal wirkender Belastung her.

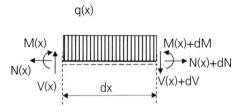

Abb. 6.23 Balkenelement

An den beiden Schnittufern bringen wir die unbekannten Schnittgrößen an. Dabei beachten wir, dass sich die Schnittgrößen aufgrund der Belastung in Abhängigkeit von x ändern.

Die Gleichgewichtsbedingungen lauten:

$$\sum V = 0: -V(x) + (V(x) + dV) + q(x)dx = 0$$

$$\sum M(i) = 0: -M(x) + (M(x) + dM) - V(x)dx - q(x)\frac{dx^2}{2} = 0$$

Der Term $q(x)\frac{dx^2}{2}$ enthält das Produkt zweier differentieller Größen und darf vernachlässigt werden, man spricht im mathematischen Sinne von „klein höherer Ordnung".

Daraus folgt:

$$\frac{dV}{dx} = V' = -q(x) \qquad \frac{dM}{dx} = M' = V(x)$$

Die erste Ableitung der Funktion der Querkraft V entspricht dem negativen Lastwert q. Die Querkraft ist gleich der ersten Ableitung der Biegemomentenfunktion.

Kombiniert man beide Zusammenhänge, so kann auch der Zusammenhang zwischen Belastung und Biegemoment hergestellt werden:

$$V' = M'' = -q(x).$$

D.h., die zweite Ableitung der Biegemomentenfunktion entspricht der Belastung.

Einerseits können über diese differentiellen Zusammenhänge statische Probleme über die Differentialgleichungen gelöst werden, andererseits können daraus Schlüsse über den Verlauf von Schnittgrößen zufolge einer Belastung gezogen werden.

> **Allgemein gilt, dass die Funktionen der Belastung, der Querkraft und des Biegemomentes voneinander abhängig sind und der Grad der Funktionen in der angegebenen Reihenfolge jeweils um einen Grad höherer Ordnung ist.**
>
> $$\frac{dV}{dx} = V' = -p(x) \qquad \frac{dM}{dx} = M' = V(x)$$

In der folgenden Tabelle wird der grafische Zusammenhang zwischen Belastung und den Schnittgrößen beschrieben.

Als Belastungsarten werden die Einzelkraft F, das Einzelmoment M und die verteilte Belastung q berücksichtigt.

Belastung	V(x)	M(x)
Einzelkraft F	Sprung um F	Knick
Einzelmoment M	konstant	Sprung um M
q = 0	konstant	linear
q = konst.	linear	Parabel 2. Ordnung
q = linear	Parabel 2. Ordnung	Parabel 3. Ordnung

Die folgende Abbildung zeigt einen Ausschnitt des Querkraft- und Biegemomentenverlaufes für vier verschiedene Belastungsfälle.

Statisch bestimmte Träger

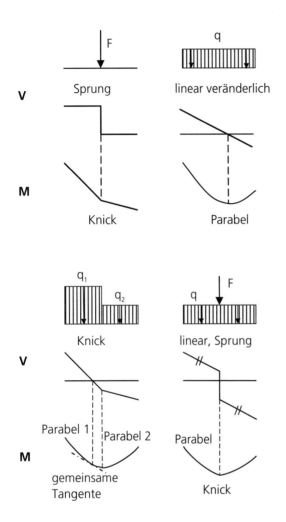

Abb. 6.24 Biegemomenten-, Querkraftverlauf

6.5 Superposition von Lastfällen

Bei statischen Berechnungen sind einerseits Belastungen unterschiedlicher Art zu berücksichtigen – z.B. Einzellasten, verteilte Lasten – andererseits müssen sie in unterschiedlicher Auftretenswahrscheinlichkeit als ständige und veränderliche Einwirkungen unterschieden werden.

Die hier untersuchten Beispiele haben gezeigt, dass sowohl die Auflagerreaktionen als auch die Schnittgrößen linear von der Belastung abhängig sind. Aus diesem Grund ist es zulässig, Einwirkungen in getrennte Lastfälle zu unterteilen und anschließend durch Addition eine Überlagerung vorzunehmen.

Diese Vorgehensweise bietet den Vorteil, dass für einzelne Belastungsarten die Schnittgrößenverläufe bekannt sind und so übersichtlicher und einfacher ermittelt werden können.

> **Auflagerreaktionen und Schnittgrößen eines Bauteils für die Gesamtbelastung sind gleich groß wie die Überlagerung der Auflagerreaktionen und Schnittgrößen von Einzellastfällen.**

Sind ständige und veränderliche Einwirkungen in der statischen Analyse zu berücksichtigen, ist es für die Untersuchung der Tragfähigkeit eines Bauteils unumgänglich, die Auflagerreaktionen und Schnittgrößen getrennt nach der Einwirkungsart zu untersuchen und erst anschließend eine ungünstige Überlagerung vorzunehmen.

6.6 Kragträger

Im Vergleich zum Einfeldträger können beim Kragträger einwirkende Belastungen nur an einem Lagerungspunkt – der **Einspannung** – aufgenommen werden.

Als stabiles Tragsystem erhält man als Reaktion eine horizontale, eine vertikale Auflagerkraft und auch ein Moment – man nennt es Einspannmoment.

Kragträger mit Einzellast

Bei Kragträgern ist es sinnvoll, vor Berechnung der Auflagerreaktionen die Schnittgrößen vom Kragarmende aus zu berechnen. Die Schnittgrößen an der Einspannstelle müssen letztendlich mit den Reaktionskräften des Lagerungspunktes ein Gleichgewichtssystem bilden.

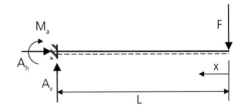

Abb. 6.25 Kragträger mit Einzelkraft

Schnittgrößen

$\Sigma H = 0 : N(x) = 0 \Rightarrow N(x) = 0$

$\Sigma V = 0 : V(x) - F = 0 \Rightarrow V(x) = F$

$\Sigma M = 0 : M(x) + F \cdot x = 0 \Rightarrow M(x) = -F \cdot x$

Die Normalkraft ist null, da nur eine vertikale Belastung wirksam ist. Der Verlauf der Querkraft ist konstant in der Größe der Kraft F, die Biegemomentenwerte folgen einer linear veränderlichen Funktion.

Das betragsmäßig größte Biegemoment tritt an der Einspannstelle mit der Größe von

$$M_{min} = M_{x=L} = -F \cdot L$$

auf.

Auflagerreaktionen

An der Einspannstelle gehen die Schnittgrößen in die Auflagerreaktionen über.

$$A_h = 0 \qquad A_v = F \qquad M_a = -F \cdot L$$

Zustandslinien

Charakteristisch für den Kragträger mit Einzellastangriff ist die konstante Querkraftverteilung in der Größe der einwirkenden Kraft.

Daraus resultiert die dreiecksförmige Biegemomentenverteilung mit negativen Schnittgrößenwerten und dem betragsmäßig größten Biegemomentenwert an der Einspannstelle.

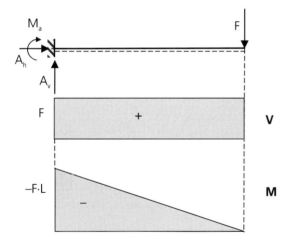

Abb. 6.26 Zustandslinien Kragträger mit Einzellast

Kragträger mit Streckenlast

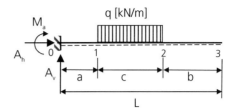

Abb. 6.27 Kragträger mit Streckenlast

Für die Berechnung der Schnittgrößen unterscheidet man drei Bereiche.

Bereich b:

Im unbelasteten Teil am Kragarmende treten keine inneren Kräfte auf.

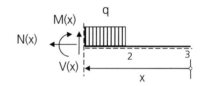

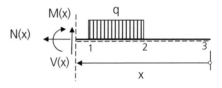

Abb. 6.28 Schnittprinzip

Bereich c:

Den belasteten Mittelteil untersuchen wir mittels Gleichgewichtsbedingungen.

$$\Sigma H = 0 : N(x) = 0 \qquad \Rightarrow N(x) = 0$$

$$\Sigma V = 0 : V(x) - q \cdot (x-b) \qquad \Rightarrow V(x) = q \cdot (x-b)$$

$$\Sigma M = 0 : M(x) + q \cdot \frac{(x-b)^2}{2} \qquad \Rightarrow M(x) = -q \frac{(x-b)^2}{2}$$

Bereich a:

Im unbelasteten Teil in Richtung Einspannung drücken die Gleichgewichtsbedingungen die Lastfortleitung aus.

Statisch bestimmte Träger

Daraus resultieren die Biegemomenten- und Querkraftwerte.

$\Sigma H = 0 : N(x) = 0 \qquad \Rightarrow N(x) = 0$

$\Sigma V = 0 : V(x) - q \cdot c = 0 \qquad \Rightarrow V(x) = q \cdot c$

$\Sigma M = 0 : M(x) + q \cdot c \cdot \left(x - b - \dfrac{c}{2}\right) = 0$

$\Rightarrow M(x) = -q \cdot c \cdot \left(x - b - \dfrac{c}{2}\right)$

Zustandslinien

Grundsätzlich kann festgestellt werden, dass im unbelasteten Teil am Kragarmende keine Schnittgrößen wirksam sind.

Die Querkraft steigt im belasteten Abschnitt linear von null bis zum Maximalwert an und setzt sich konstant im unbelasteten Teil bis zur Einspannstelle fort.

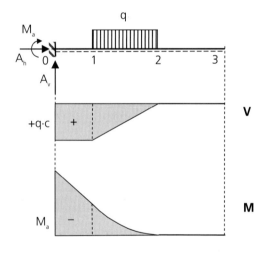

Abb. 6.29 Zustandslinien Kragträger mit Streckenlast

Die Biegemomentenwerte ändern sich im mittleren Bereich nach einer parabolischen Funktion und verlaufen im unbelasteten Bereich linear bis zum Extremwert an der Einspannstelle mit

$M_0 = -q \cdot c \cdot \left(L - b - \dfrac{c}{2}\right) = -q \cdot c \cdot \left(a + \dfrac{c}{2}\right).$

Die Schnittgrößen an der Einspannstelle entsprechen den Auflagerreaktionen:

$A_h = 0 \quad A_v = q \cdot c \quad M_a = -q \cdot c \cdot \left(a + \dfrac{c}{2}\right)$

Beispiel 4: Kragträger mit Einzellasten

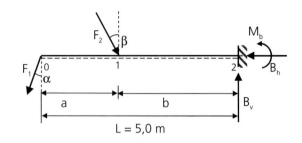

Abb. 6.30 Einfeldträger mit Einzellasten

Gegeben:

$a = 2{,}0$ m $\quad b = 3{,}0$ m $\quad L = 5{,}0$ m

$F_1 = 55{,}0$ kN $\quad \alpha = 20°$

$F_2 = 23{,}0$ kN $\quad \beta = 30°$

Gesucht:

Auflagerreaktionen und Schnittgrößen.

Schnittgrößen

Der Träger wird in zwei Bereiche unterteilt.

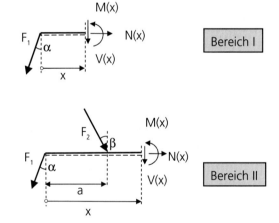

Abb. 6.31 Schnittprinzip Kragträger mit Einzellasten

Bereich I ($x < a$):

$\Sigma H = 0 : N(x) - F_1 \cdot \sin\alpha = 0$

$\Rightarrow N(x) = F_1 \cdot \sin\alpha$

$\Sigma V = 0 : V(x) + F_1 \cdot \cos\alpha = 0$

$\Rightarrow V(x) = -F_1 \cdot \cos\alpha$

$\Sigma M = 0 : M(x) + F_1 \cdot \cos\alpha \cdot x = 0$

$\Rightarrow M(x) = -F_1 \cdot \cos\alpha \cdot x$

Die Normal- und Querkraft sind im Bereich I konstant:

$N = 18{,}81 \text{ kN}$

$V = -51{,}68 \text{ kN}$

Die Biegemomentenwerte sind linear von x abhängig und ergeben an den Bereichsgrenzen:

$x = 0:$ $\qquad M_{(x=0)} = 0$

$x = 2{,}0 \text{ m}:$ $\qquad M_{(x=2)} = -103{,}36 \text{ kNm}$

Bereich II (x > a):

$\Sigma H = 0 : N(x) - F_1 \cdot \sin\alpha + F_2 \cdot \sin\beta = 0$

$\Rightarrow N(x) = F_1 \cdot \sin\alpha - F_2 \cdot \sin\beta$

$\Sigma V = 0 : V(x) + F_1 \cdot \cos\alpha + F_2 \cdot \cos\beta = 0$

$\Rightarrow V(x) = -F_1 \cdot \cos\alpha - F_2 \cdot \cos\beta$

$\Sigma M = 0 : M(x) + F_1 \cdot \cos\alpha \cdot x + F_2 \cdot \cos\beta \cdot (x-a) = 0$

$\Rightarrow M(x) = -F_1 \cdot \cos\alpha \cdot x - F_2 \cdot \cos\beta \cdot (x-a)$

Die Normalkraft- und Querkraftwerte sind konstant und ändern ihre Größe lediglich durch den Einfluss von der Kraft F_2:

$N = 7{,}31 \text{ kN}$

$V = -71{,}59 \text{ kN}$

Die Biegemomente haben an den Bereichsgrenzen folgende Werte:

$x = 2{,}0 \text{ m}:$ $\qquad M_{(x=2)} = -103{,}36 \text{ kNm}$

$x = 5{,}0 \text{ m}:$ $\qquad M_{(x=5)} = -318{,}13 \text{ kNm}$

Auflagerreaktionen

$B_h = -7{,}31 \text{ kN}$

$B_v = 71{,}59 \text{ kN}$

$M_b = -318{,}13 \text{ kNm}$

Zustandslinien

Die Schnittgrößen sind in Abb. 6.32 dargestellt.

Die Normal- und Querkraft ist abschnittsweise konstant. Die Biegemomente nehmen betragsmäßig vom Kragarmende bis zur Einspannstelle linear zu, wobei an der Krafteinleitungsstelle von F_2 ein Knick entsteht. Das negative Vorzeichen der Biegemomentenwerte bedeutet, dass die Trägerquerschnitte an der Unterseite des Trägers auf Druck beansprucht werden, d.h., dass die Kennfaser des Trägers gedrückt wird.

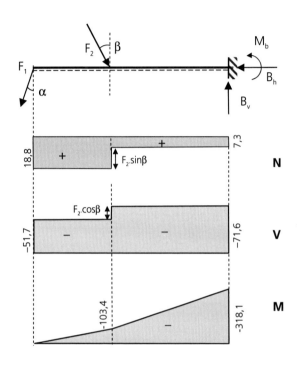

Abb. 6.32 Zustandslinien – Kragträger mit Einzellasten

6.7 Einfeldträger mit Kragarm

Der Einfeldträger ist an seinen beiden Enden gelagert. Ragt nun der Träger auf einer Seite über einen Lagerungspunkt hinaus, sprechen wir von einem Einfeldträger mit Kragarm.

Die Berechnung der Auflagerreaktionen und Schnittgrößenermittlung wird sinngemäß wie bei den zuvor gezeigten Beispielen durchgeführt, wobei der Träger grundsätzlich in den Feldbereich – zwischen den beiden Lagerungspunkten – und den Kragarm unterteilt wird.

Wirkt auf den Kragarm eine Belastung, beeinflusst diese – bedingt durch die Lastfortleitung – die Schnittgrößenverläufe des Feldbereichs.

Bleibt der Kragarm hingegen unbeansprucht, gelten die Festlegungen für den Einfeldträger, d.h., ist der Feldbereich belastet, verformt sich der Kragarm durch die biegesteife Verbindung zum Feldbereich, die Schnittgrößen sind aber in diesem Bereich null.

Statisch bestimmte Träger

Einfeldträger mit Kragarm mit Einzellast

Für den Einfeldträger mit Kragarm sind zufolge der Einzelkraft am Kragarmende die Auflagerreaktionen und Schnittgrößen zu ermitteln.

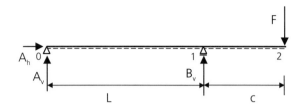

Abb. 6.33 Einfeldträger mit Kragarm und Einzelkraft

Auflagerreaktionen

$\Sigma H = 0 : A_h = 0$

$\Sigma M_1 = 0 : A_v \cdot L + F \cdot c$

$\Sigma M_0 = 0 : B_v \cdot L - F \cdot (L + c)$

$$\Rightarrow A_h = 0 \quad A_v = -\frac{F \cdot c}{L} \quad B_v = \frac{F(L+c)}{L}$$

Kontrolle:

$\Sigma V = 0 : A_v + B_v - F = 0$

Der negative Wert von A_v bedeutet eine abhebende Kraft im Punkt 0.

Schnittgrößen

Die Normalkraft ist über die gesamte Länge des Trägers null.

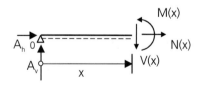

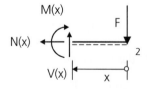

Abb. 6.34 Schnittgrößen – Einfeldträger mit Kragarm

Schnittgrößen – Kragarm:

$V(x) = F = \text{konst.}$

$M(x) = -F \cdot x$

Für den Lagerungspunkt 1 folgt ein Biegemoment mit

$M = -F \cdot c$.

Der Querkraftverlauf ist konstant, der Biegemomentenverlauf linear veränderlich.

Schnittgrößen an den Bereichsgrenzen $x = 0$ und $x = c$:

$x = 0:$ $\quad V_{x=0} = F \quad\quad M_{x=0} = 0$

$x = c:$ $\quad V_{x=0} = F \quad\quad M_{x=c} = -F \cdot c$

Schnittgrößen – Feldbereich:

$V(x) = A_v$

$M(x) = A_v \cdot x = -\dfrac{F \cdot c \cdot x}{L}$

Die Querkraft ist im Feldbereich negativ. Alle Momentenwerte sind negativ mit dem Minimum im Lagerungspunkt 1.

Schnittgrößen an den Bereichsgrenzen $x = 0$ und $x = L$:

$x = 0:$ $\quad V_{x=0} = A_v = -\dfrac{F \cdot c}{L}$

$\quad\quad\quad M_{x=0} = 0$

$x = L:$ $\quad V_{x=L} = A_v$

$\quad\quad\quad M_{x=L} = A_v \cdot L = -F \cdot c$

Zustandslinien

Die Querkraftlinie steigt am Kragarmende auf den Wert F an, wechselt im Punkt 1 das Vorzeichen mit dem Sprung in der Größe der Auflagerkraft B_v.

Es ist zu beachten, dass der Querkraftwert knapp rechts und links vom Lagerungspunkt zu berechnen ist.

Im Lagerungspunkt 0 und am Kragarmende sind die Biegemomentenwerte null, das betragsmäßig größte Moment ist das Stützmoment im Punkt 1.

Statisch bestimmte Träger

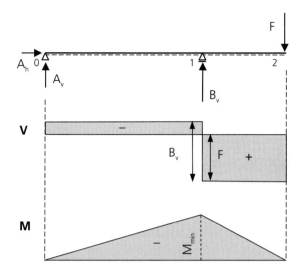

Abb. 6.35 Zustandslinien Einfeldträger mit Kragarm und Einzelkraft

Einfeldträger mit Kragarm mit Gleichlast am Kragarm

Eine Gleichlast am Kragarm verhält sich in der Kraftfortleitung ähnlich dem zuvor gezeigten Beispiel mit der Einzelkraft.

Aus diesem Grund werden nur die Zustandslinien dargestellt und Auflagerreaktionen und die maßgebenden Schnittgrößenwerte angegeben.

Auflagerreaktionen

$\Sigma H = 0 : A_h = 0$

$\Sigma M_1 = 0 : A_v \cdot L + q \cdot \dfrac{c^2}{2}$

$\Sigma M_0 = 0 : B_v \cdot L - q \cdot c \cdot \left(\dfrac{c}{2} + L\right)$

$A_h = 0 \qquad A_v = -\dfrac{q \cdot c^2}{2 \cdot L} \qquad B_v = q \cdot c + \dfrac{q \cdot c^2}{2 \cdot L}$

Kontrolle:

$\Sigma V = 0 : A_v + B_v - q \cdot (L + c) = 0$

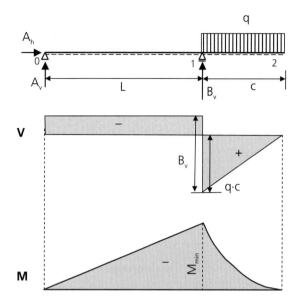

Abb. 6.36 Einfeldträger mit Kragarm und Gleichlast am Kragarm

Schnittgrößen

Normalkräfte sind nicht vorhanden. Bei der Berechnung der Querkraft ist im Punkt 1 zwischen links und rechts des Lagerungspunkts zu unterscheiden, daraus resultiert in der Querkraftlinie der Sprung in der Größe der Auflagerkraft B_v.

$V_{1,rechts} = q \cdot c \qquad V_{1,links} = -\dfrac{q \cdot c^2}{2 \cdot L}$

Das Stützmoment im Punkt 1 ist das betragsmäßig größte Biegemoment des Tragsystems und beträgt

$M_1 = -\dfrac{q \cdot c^2}{2}$.

Einfeldträger mit Kragarm – Gleichlast

Die Gleichlast verläuft über den gesamten Träger.

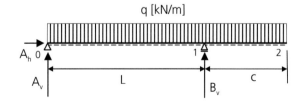

Abb. 6.37 Einfeldträger mit Kragarm und Gleichlast

Statisch bestimmte Träger

Auflagerreaktionen

$\Sigma H = 0 : A_h = 0$

$\Sigma M_1 = 0 : A_v \cdot L - q \cdot (L+c) \cdot (L-c)/2$

$\Sigma M_0 = 0 : B_v \cdot L - q \cdot (L+c)^2 / 2$

$\Rightarrow A_h = 0 \quad A_v = q \dfrac{L^2 - c^2}{2L} \quad B_v = q \dfrac{(L+c)^2}{2L}$

Kontrolle:

$\Sigma V = 0 : A_v + B_v - q \cdot (L+c) = 0$

Schnittgrößen

Aufgrund der vertikalen Einwirkungen sind keine Normalkräfte vorhanden.

Die Ermittlung der Schnittgrößen erfolgt getrennt für den Einfeldträger und den Kragträger, das Endergebnis erhält man durch Überlagerung der Schnittgrößen (Superposition).

Für System 1 – Einfeldträger – wird der Verlauf der Schnittgrößen zufolge der Gleichlast im Feldbereich als Lastfall 1 (LF 1) dargestellt (V_1, M_1). Lastfall 2 (LF 2) zeigt die Auswirkungen der Gleichlast am Kragarm (V_2, M_2). Durch Addition erhält man das Endergebnis.

Die im Text angegebenen Formeln beziehen sich auf die Gesamtbelastung.

Feldbereich:

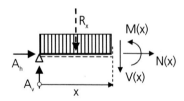

Abb. 6.38 Schnittbereich Feld

$V(x) = A_v - q \cdot x$

$M(x) = A_v \cdot x - q \dfrac{x^2}{2}$

Kragarm:

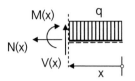

Abb. 6.39 Schnittbereich Kragarm

$V(x) = q \cdot x$

$M(x) = -q \dfrac{x^2}{2}$

Im Punkt 0 ist die Querkraft gleich der vertikalen Auflagerkraft A_v, hingegen muss man bei der Querkraft in Punkt 1 einen Wert knapp links und knapp rechts des Lagerungspunktes angeben, d.h. die Querkraft $V_{1,rechts}$ resultiert aus der Kragarmbelastung mit

$V_{1,rechts} = q \cdot c$.

Im Punkt 1 hat die Querkraftlinie einen Sprung in der Größe von B_v. Aufgrund der Auswertung der Gleichgewichtsbedingungen erhalten wir:

$V_{1,links} = A_v - q \cdot L = V_{1,rechts} - B_v$

Der Verlauf ist über die gesamte Trägerlänge linear.

Das Biegemoment ist im Punkt 0 gleich null, im Punkt 1 gleich dem Kragmoment

$M_b = -\dfrac{q \cdot c^2}{2}$.

Daraus folgt $M_{max} = \dfrac{A_v^2}{q}$.

Der Verlauf ist parabolisch. Das maximale Feldmoment tritt an jener Stelle auf, an der die Querkraft null ist und hat zum Lagerpunkt 0 den Abstand

$x_0 = \dfrac{A_v}{q}$,

der über die Gleichgewichtsbedingung herzuleiten ist.

Als Kontrolle kann eine Verbindungslinie der Biegemomentenwerte bei 0 und 1 gezogen werden, an der Stelle $x = L/2$ lässt sich der Wert M_0 mit

$M_0 = \dfrac{q \cdot L^2}{8}$

ablesen, d.h., die Parabel des Einfeldträgers wird im Punkt 1 um den Wert des Stützmomentes in den negativen Wertebereich verschoben.

Beispiel 5: Einfeldträger mit Kragarm mit Einzel- und Streckenlast

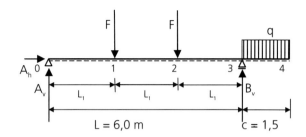

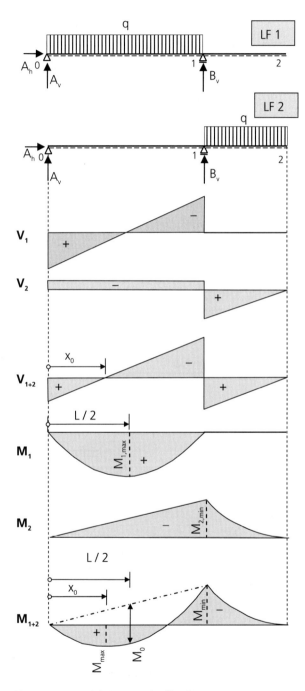

Abb. 6.40 Zustandslinien aus der Überlagerung

Abb. 6.41 Einfeldträger mit Kragarm gemischte Belastung

Gegeben:

$L_1 = 2{,}0$ m $\quad c = 1{,}5$ m $\quad L = 6{,}0$ m

$F = 26{,}0$ kN $\quad q = 30{,}0$ kN/m

Gesucht:

Auflagerreaktionen und Schnittgrößen.

Die Auflagerreaktionen und Schnittgrößen werden getrennt für die Einzelkraftbeanspruchung im Feld (Lastfall 1) und die Gleichlastbeanspruchung des Kragarms (Lastfall 2) ermittelt.

Lastfall 1:

Auflagerreaktionen

$$A_h = 0$$

$$A_v = B_v = F = 26{,}0 \text{ kN}$$

Schnittgrößen

$$V_0 = A_v = 26{,}0 \text{ kN}$$

$$V_{1,\text{links}} = -F = -26{,}0 \text{ kN}$$

$$V_{1,\text{rechts}} = 0$$

$$M_{\text{max}} = A_v \cdot L_1 = 52{,}0 \text{ kNm}$$

Lastfall 2:

Auflagerreaktionen

$$A_h = 0$$

$$A_v = -q \frac{c^2}{2L} = -5{,}63 \text{ kN}$$

$$B_v = q \cdot c + \frac{q \cdot c^2}{2 \cdot L} = 50{,}63 \text{ kN}$$

Statisch bestimmte Träger

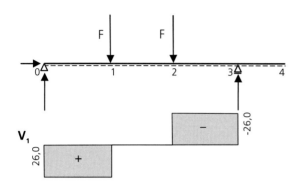

Abb. 6.42 Zustandslinien Lastfall 1

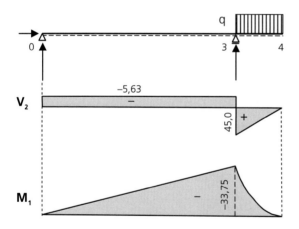

Abb. 6.43 Zustandslinien Lastfall 2

Schnittgrößen

$$V_0 = A_v = -5{,}63 \text{ kN}$$

$$V_{1,links} = -\frac{q \cdot c^2}{2 \cdot L} = -5{,}63 \text{ kN}$$

$$V_{1,rechts} = q \cdot c = 45 \text{ kN}$$

$$M_1 = -\frac{q \cdot c^2}{2} = -33{,}75 \text{ kNm}$$

Das Endergebnis erhält man durch **Überlagerung** von Lastfall 1 und Lastfall 2.

Die Auflagerkräfte der einzelnen Lastfälle werden addiert:

$$A_h = 0$$

$$A_v = 26{,}0 - 5{,}63 = 20{,}37 \text{ kN}$$

$$B_v = 26{,}0 + 50{,}63 = 76{,}63 \text{ kN}$$

Die Querkraft verläuft im Feldbereich abschnittsweise konstant mit den Werten

$$V_0 = V_{1,links} = 20{,}37 \text{ kN},$$

$$V_{1,rechts} = V_{1,links} - F = -5{,}63 \text{ kN},$$

$$V_{2,links} = V_{1,rechts} - F = -31{,}63 \text{ kN}.$$

Am Kragarm nimmt die Querkraft von null auf den Maximalwert im Punkt 3 zu mit

$$V_{3,rechts} = p \cdot c = 45{,}0 \text{ kN}.$$

Im Lagerungspunkt 3 zeigt die Querkraftlinie einen Sprung in der Größe der vertikalen Auflagerkraft B_v.

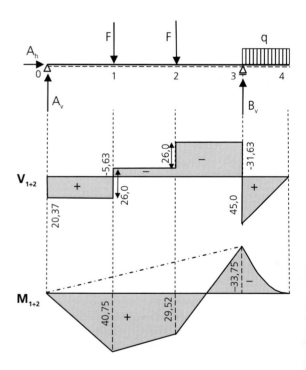

Abb. 6.44 Überlagerung Lastfall 1 und Lastfall 2

Es ist wesentlich, dass man bei den Querkraftwerten zwischen jenem knapp links und jenem knapp rechts des Lagerungspunktes unterscheidet.

Das maximale Feldmoment tritt an der Lasteinleitungsstelle im Abstand von 2,0 m vom Lagerungspunkt 0 auf und beträgt

$$M_{max} = A_v \cdot L_1 = 40{,}75 \text{ kNm}.$$

Das minimale Biegemoment ist das Stützmoment über dem Lagerungspunkt 3 mit

$$M_{min} = -\frac{p \cdot c^2}{2} = -33{,}75 \text{ kNm}.$$

Verbindet man die beiden Biegemomente der Lagerungspunkte 0 und 3 entsprechend der strichpunktierten Linie in Abb. 6.44, so entspricht die Biegemomentenfläche unter dieser Schlusslinie den Ergebnissen von Lastfall 1, d.h., die endgültige Biegemomentenlinie ist durch den Einfluss der Kragarmbeanspruchung im Punkt 3 in den negativen Bereich verschoben worden.

6.8 Einfeldträger mit beidseitigen Kragarmen

Überragt der Träger beide Lagerungspunkte, ist die Vorgangsweise bei der Berechnung der Auflagerreaktionen und Schnittgrößen entsprechend dem vorangegangenen Kapitel. Ein Zahlenbeispiel soll dies verdeutlichen.

Beispiel 6: Einfeldträger mit beidseitigen Kragarmen mit Einzel- und Streckenlasten

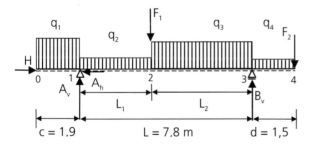

Abb. 6.45 Einfeldträger mit Kragarmen

Gegeben:

$L_1 = 3{,}2$ m $L_2 = 4{,}6$ m $L = 7{,}8$ m

$c = 1{,}9$ m $d = 1{,}5$ m

Belastung

$q_1 = 18{,}0$ kN/m $q_2 = 6{,}0$ kN/m

$q_3 = 16{,}0$ kN/m $q_4 = 4{,}0$ kN/m

$F_1 = 27{,}0$ kN $F_2 = 20{,}0$ kN $H = 9{,}0$ kN

Gesucht:

Auflagerreaktionen und Schnittgrößen.

Auflagerreaktionen

$\Sigma H = 0: H - A_h = 0$

$\Sigma M_3 = 0: A_v \cdot 7{,}8 - 18 \cdot 1{,}9 \cdot \left(7{,}8 + \frac{1{,}9}{2}\right) -$

$- 6 \cdot 3{,}2 \cdot \left(4{,}6 + \frac{3{,}2}{2}\right) - 27 \cdot 4{,}6 - 16 \cdot \frac{4{,}6^2}{2} +$

$+ 4 \cdot \frac{1{,}5^2}{2} + 20 \cdot 1{,}5 = 0$

$\Sigma V = 0: 18 \cdot 1{,}9 + 6 \cdot 3{,}2 + 16 \cdot 4{,}6 + 4 \cdot 1{,}5 - A_v - B_v = 0$

$A_h = 9{,}0$ kN $A_v = 86{,}83$ kN

$B_v = 93{,}17$ kN

Schnittgrößen

Normalkraft:

Die Horizontalkraft H wird von der horizontalen Lagerkraft A_h aufgenommen, aus diesem Grund ist nur im Bereich des Lasteinleitungspunktes am linken Kragarmende und dem Lagerpunkt 1 eine Normalkraft in der Größe von

$$N(x) = -H = -9{,}0 \text{ kN}$$

vorhanden. Im restlichen Teil des Trägers ist die Normalkraft gleich null.

Querkraft:

Schrittweise werden die Querkraftwerte an charakteristischen Stellen vom linken bis zum rechten Kragarmende berechnet.

$V_0 = 0$

$V_{1,links} = -18 \cdot 1{,}9 = -34{,}2$ kN

$V_{1,rechts} = -18 \cdot 1{,}9 + 86{,}83 = 52{,}63$ kN

$V_{2,links} = 52{,}63 - 6 \cdot 3{,}2 = 33{,}43$ kN

$V_{2,rechts} = 33{,}43 - 27 = 6{,}43$ kN

$V_{3,links} = 6{,}43 - 16 \cdot 4{,}6 = -67{,}17$ kN

$V_{3,rechts} = -67{,}17 + 93{,}17 = 26$ kN

$V_4 = 26 - 4 \cdot 1{,}5 = 20$ kN

Statisch bestimmte Träger

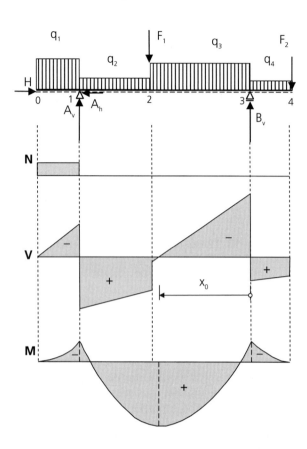

Abb. 6.46 Zustandslinien Einfeldträger mit Kragarmen mit gemischter Belastung

Biegemomente

$$M_0 = 0$$

$$M_1 = -\frac{18 \cdot 1{,}9^2}{2} = -32{,}49 \text{ kNm}$$

$$M_3 = -\frac{4 \cdot 1{,}5^2}{2} - 20 \cdot 1{,}5 = -34{,}5 \text{ kNm}$$

Das Maximalmoment tritt an jener Stelle auf, an der die Querkraft den Nulldurchgang hat, dies ist im Bereich zwischen Punkt 1 und 3. Den Abstand der Nullstelle vom Lagerpunkt 3 berechnet man mit:

$$V(x_0) = V_{3,\text{links}} + q_3 \cdot x_0 = 0$$

$$\Rightarrow x_0 = 4{,}2 \text{ m}$$

Das dazugehörige maximale Biegemoment wird aus der Gleichgewichtsbedingung von rechts her ermittelt:

$$M_{max} = -F_2 \cdot (1{,}5 + x_0) - 4 \cdot 1{,}5 \cdot \left(x_0 + \frac{1{,}5}{2}\right) - 16 \cdot \frac{x_0^2}{2} + B_v \cdot x_0$$

$$\Rightarrow M_{max} = 106{,}5 \text{ kNm}$$

6.9 Einfeldträger mit beidseitigen Kragarmen – ungünstige Laststellungen

Die Belastungen einerseits am Kragarm andererseits im Feldbereich beeinflussen die Schnittgrößen unterschiedlich. Bei den Biegemomenten erkennt man wechselnde Vorzeichen entlang des Gesamtträgers.

Aus diesem Grund muss man bei Einfeldträgern mit Kragarmen die einzelnen Beanspruchungsarten aus ständigen und veränderlichen Einwirkungen getrennt untersuchen und erst im Zuge der Überlagerung die ungünstigen Auswirkungen auf die Schnittgrößen und somit auch auf die Beanspruchung im Innern eines Trägers berücksichtigen.

Lastfall 1: maximales Feldmoment $M_{max} = M_2$

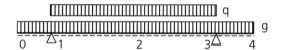

Lastfall 2: minimales Stützmoment $M_{min} = M_1$
maximale Auflagerkraft $A_{v,max}$

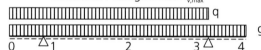

Lastfall 3: minimales Stützmoment $M_{min} = M_3$
maximale Auflagerkraft $B_{v,max}$

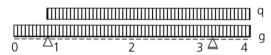

Lastfall 4: minimales Feldmoment $M_{f,min} = M_2$
minimales Stützmoment $M_{s,min} = M_1 = M_3$
maximale Auflagerkraft $B_{v,max}$

Lastfall 5: minimale Auflagerkraft $B_{v,min}$
minimales Stützmoment $M_{s,min} = M_1$
maximale Auflagerkraft $B_{v,max}$

Lastfall 6: minimale Auflagerkraft $A_{v,min}$
minimales Stützmoment $M_{s,min} = M_3$
maximale Auflagerkraft $B_{v,max}$

Abb. 6.47 Ungünstige Laststellungen

Beispielhaft zeigt Abb. 6.47 unterschiedliche Laststellungen der veränderlichen Einwirkung q in Kombination mit der ständigen Einwirkung g und die Auswirkungen auf die extremen Schnittgrößen.

6.10 Schräge und geknickte Träger

Ein statisches System muss nicht immer aus horizontalen Tragwerkselementen bestehen, sondern kann aus biegesteif angeschlossenen abgeknickten Teilen zusammengesetzt sein. In diesem Fall spricht man von rahmenartigen Tragsystemen.

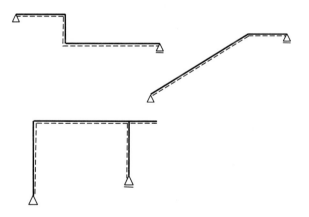

Abb. 6.48 Schräge und geknickte Tragsysteme

Untersuchen wir z.B. Pfetten oder Stiegenlaufplatten, ist die Systemlinie des Tragsystems gegenüber der Horizontalen geneigt und wir sprechen von schrägen Trägern.

Die Berechnung der schrägen und geknickten Träger erfolgt grundsätzlich nach den gleichen Regeln wie beim geraden Träger, wobei zwischen den lokalen und globalen Koordinatenachsen unterschieden werden muss, da sich die Schnittgrößen auf das lokale Koordinatensystem beziehen. Aus diesem Grund ist es erforderlich, vor Berechnung der Schnittgrößen die Kennfaser der einzelnen Abschnitte festzulegen. Üblicherweise wird die Kennfaser mit strichlierten Linien symbolisiert.

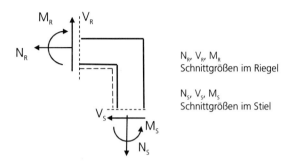

N_R, V_R, M_R Schnittgrößen im Riegel

N_S, V_S, M_S Schnittgrößen im Stiel

Abb. 6.49 Rahmeneck

Schneiden wir den Knickbereich eines Rahmentragwerkes heraus, können wir feststellen, dass es vom horizontalen zum vertikalen Tragwerksteil zu einer Lastumlenkung kommt.

Aus Gleichgewichtsgründen geht die Normalkraft des Riegels N_R in die Querkraft des Stieles V_S über bzw. bildet die Querkraft des Riegels V_R eine Gleichgewichtsgruppe mit der Normalkraft N_S. Die Biegemomente werden um das Eck geführt und es gilt in diesem Fall:

$$N_R = -V_S$$

$$V_R = N_S$$

$$M_R = M_S$$

Wir betrachten einen zweifach geknickten Träger nach Abb. 6.50 und ermitteln die Auflagerreaktionen und Schnittgrößen.

Als Belastung wirkt eine Gleichlast am oberen Riegel und eine horizontale Einzellast H.

Auflagerreaktionen

$\Sigma H = 0: A_h - H = 0$

$\Sigma M_3 = 0: A_v \cdot (L_1 + L_2) + A_h \cdot h - q \cdot L_1 \cdot \left(\dfrac{L_1}{2} + L_2\right) = 0$

$\Sigma V = 0: A_v + B_v - q \cdot L_1 = 0$

$A_h = H$

Statisch bestimmte Träger

$$A_v = \frac{q \cdot L_1 \left(\frac{L_1}{2} + L_2\right) - H \cdot h}{(L_1 + L_2)}$$

$$B_v = q \cdot L_1 - \frac{q \cdot L_1 \left(\frac{L_1}{2} + L_2\right) - H \cdot h}{(L_1 + L_2)}$$

Aufgrund der Ergebnisse können wir feststellen, dass die vertikalen Auflagerreaktionen sowohl durch die Gleichlast als auch durch die Horizontalkraft H beeinflusst werden.

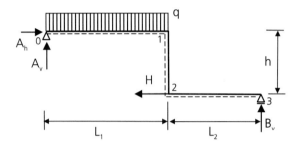

Abb. 6.50 Zweifach geknickter Träger

Schnittgrößen

Das Tragsystem wird für die Schnittgrößenermittlung in drei Abschnitte unterteilt.

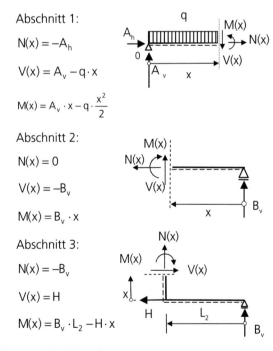

Abschnitt 1:

$N(x) = -A_h$

$V(x) = A_v - q \cdot x$

$M(x) = A_v \cdot x - q \cdot \frac{x^2}{2}$

Abschnitt 2:

$N(x) = 0$

$V(x) = -B_v$

$M(x) = B_v \cdot x$

Abschnitt 3:

$N(x) = -B_v$

$V(x) = H$

$M(x) = B_v \cdot L_2 - H \cdot x$

Abb. 6.51 Schnittbereiche

Zustandslinien

Durch Auswertung der Gleichgewichtsbedingungen der drei Abschnitte können die Schnittgrößen ermittelt und dargestellt werden.

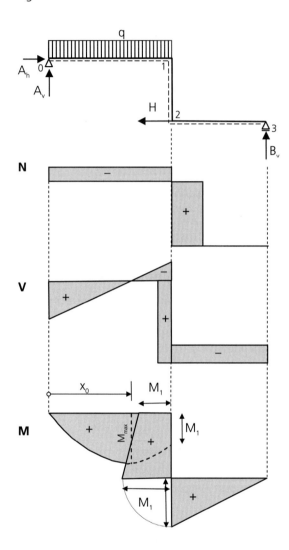

Abb. 6.52 Zustandslinien zweifach geknickter Träger

Bedingt durch die Horizontalkraft H tritt im Bereich 0 bis 1 eine Normalkraft in Größe von H auf. Durch die Kraftumlenkung ist die Normalkraft N_{1-2} gleich der Querkraft V_1 und wechselt im Punkt 2 wiederum zur Querkraft V_2.

Der Biegemomentenverlauf ist in den Bereichen zwischen 1–2 und 2–3 linear, im Bereich 0–1 verläuft er bedingt durch die Streckenlast parabolisch.

Für die Berechnung des Maximalmomentes muss die Stelle des Nulldurchganges der Querkraft ermittelt werden. Mit dem Abstand x_0

$$x_0 = \frac{A_v}{q}$$

vom Punkt 0 aus gemessen folgt das Maximalmoment

$$M_{max} = A_v \cdot x_0 - \frac{q \cdot x_0^2}{2}.$$

Ein weiteres Zahlenbeispiel soll die Vorgangsweise bei der Schnittgrößenermittlung von geknickten Trägern verdeutlichen.

Beispiel 7: Zweifach geknickter Träger mit Einzelkräften

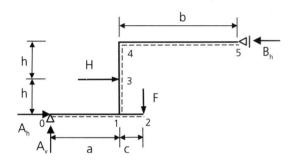

Abb. 6.53 Rahmenartiger Träger mit Einzellasten

Gegeben:

a = 3,0 m   b = 5,0 m   c = 1,0 m   h = 1,5 m

F = 50 kN   H = 35 kN

Gesucht:

Auflagerreaktionen und Schnittgrößen.

Es ist darauf zu achten, dass das Lager im Punkt 5 vertikal verschieblich ist und an dieser Stelle nur eine horizontale Lagerkraft aufgenommen werden kann.

Auflagerreaktionen

$\Sigma H = 0: A_h + H - B_h = 0$

$\Sigma V = 0: A_v - F = 0$

$\Sigma M_0 = 0: B_h \cdot 2h - H \cdot h - F(a+c) = 0$

$A_h = 49{,}17$ kN

$A_v = 50{,}00$ kN

$B_h = 84{,}17$ kN

Schnittgrößen

Das Tragsystem wird in vier Abschnitte unterteilt, die Schnittgrößen werden für die Bereichsgrenzen angegeben.

Abschnitt 1:

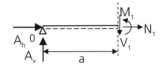

Abb. 6.54 Abschnitt 1

$N_0 = N_1 = -49{,}17$ kN

$V_0 = V_1 = 50$ kN

$M_0 = 0$

$M_1 = +150$ kN

Abschnitt 2:

Abb. 6.55 Abschnitt 2

$N_1 = N_2 = 0$

$V_1 = V_2 = 50$ kN

$M_1 = -50$ kNm

$M_2 = 0$

Abschnitt 3:

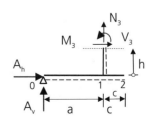

Abb. 6.56 Abschnitt 3

Statisch bestimmte Träger

$N_1 = N_3 = 0$

$V_1 = V_3 = -49{,}17$ kN

$M_1 = 126{,}25$ kNm

$M_3 = 200{,}0$ kNm

Abschnitt 4:

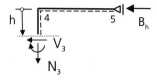

Abb. 6.57 Abschnitt 4

$N_3 = N_4 = 0$

$V_3 = V_4 = -84{,}17$ kN

$M_4 = 0$

Abschnitt 5:

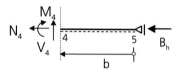

Abb. 6.58 Abschnitt 5

$N_4 = N_5 = -84{,}17$ kN

$V_4 = V_5 = 0$

$M_4 = M_5 = 0$

Im Punkt 1 verzweigt sich das Tragsystem, aber auch in diesem Punkt muss das Gleichgewicht der Schnittgrößen erfüllt sein.

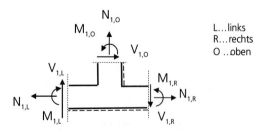

L...links
R...rechts
O...oben

Abb. 6.59 Verzweigungspunkt

Wir können für den Punkt 1 die Gleichgewichtsbedingungen anschreiben (Abb. 6.59):

$\Sigma H = 0 : N_{1,R} - N_{1,L} + V_{1,O} = 0$

$\Sigma V = 0 : V_{1,L} - V_{1,R} + N_{1,O} = 0$

$\Sigma M = 0 : M_{1,L} - M_{1,R} - M_{1,O} = 0$

Zustandslinien

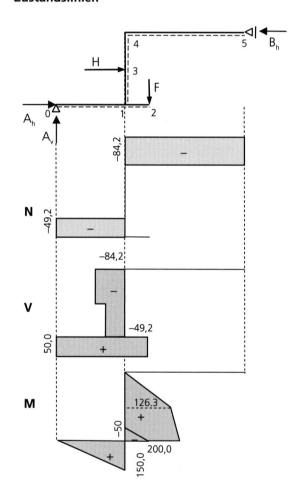

Abb. 6.60 Rahmenartiger Träger mit Einzellasten

Die Normalkraft verläuft in Abschnitt 1 als Druckkraft aufgrund der positiven Auflagerreaktion A_h und in Abschnitt 5 als Druckkraft aufgrund der positiven Auflagerkraft B_h konstant. In Abschnitt 2 und 3 ist sie null.

Die Querkraft und das Biegemoment sind nur im Bereich 5 null, da aufgrund des vertikal verschieblichen Lagers keine vertikale Reaktionskraft im Punkt 5 aufgenommen werden kann.

Der Sprung in der Querkraftlinie im Punkt 3 ist in der Größe der Horizontalkraft H.

Abschnitt 2 ist als klassischer Kragträger zu betrachten mit linear verlaufender Momentenlinie mit negativen Werten.

Die Biegemomente verlaufen im vertikalen Systemteil linear veränderlich mit dem Knick der Momentenlinie und dem maximalen Biegemoment im Punkt 3. In der Lastfortleitung werden sie im Punkt 1 um das Eck geführt, wobei der Einfluss von F den Biegemomentenwert reduziert.

Beispiel 8: Schräger Träger mit Einzellast

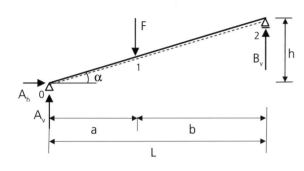

Abb. 6.61 Schräger Träger mit Einzelkraft

Gegeben:

a = 1,8 m   b = 2,2 m   L = 4,0 m   h = 1,6 m

F = 12 kN

Gesucht:

Auflagerreaktionen und Schnittgrößen.

Auflagerreaktionen

$\Sigma H = 0 : A_h = 0$

$\Sigma M_0 = 0 : B_v \cdot L - F \cdot a = 0$

$\Sigma M_2 = 0 : -A_v \cdot L + F \cdot b = 0$

$A_h = 0$

$A_v = \dfrac{F \cdot b}{L} = 6{,}6 \text{ kN}$

$B_v = \dfrac{F \cdot a}{L} = 5{,}4 \text{ kN}$

Kontrolle:

$\Sigma V = 0 : A_v + B_v - F = 0$

Schnittgrößen

Die Schnittgrößen des schrägen Trägers orientieren sich an den lokalen Koordinatenachsen des Trägers, die gegenüber den globalen um den Winkel α geneigt sind.

Den Winkel α kann man aus der Geometrie mit

$\tan \alpha = \dfrac{h}{L}$ $\alpha = 21{,}8°$

berechnen.

Entsprechend ermitteln wir die schrägen Teillängen

$\bar{a} = \dfrac{a}{\cos \alpha}$ und $\bar{b} = \dfrac{b}{\cos \alpha}$.

Die Auflagerkräfte A_v und B_v werden in die lokalen Richtungen normal und parallel zur Stabachse zerlegt.

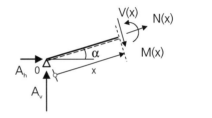

Abb. 6.62 Schnitt linker Teil

$A_{v\perp} = A_v \cdot \cos \alpha = 6{,}13 \text{ kN}$

$A_{v/\!/} = A_v \cdot \sin \alpha = 2{,}45 \text{ kN}$

Die Komponenten von B_v ergeben sich gleichermaßen zu

$B_{v\perp} = B_v \cdot \cos \alpha = 5{,}01 \text{ kN}$

$B_{v/\!/} = B_v \cdot \sin \alpha = 2{,}01 \text{ kN}$

Abschnitt 0–1:

$N = -A_{v/\!/} = -2{,}45 \text{ kN}$

$V = A_{v\perp} = 6{,}13 \text{ kN}$

Das Maximalmoment tritt an der Lasteinleitungsstelle auf und hat denselben Wert wie bei einem waagrechten Träger – auch Ersatzträger genannt – gleicher Stützweite.

$M_1 = M_{max} = A_v \cdot a = B_v \cdot b = 11{,}88 \text{ kNm}$

Diese Feststellung gilt allgemein auch für jede vertikale Belastung.

Statisch bestimmte Träger

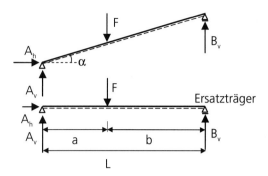

Abb. 6.63 Schräger Träger und Ersatzträger

Abschnitt 2:

$N = B_{v//} = 2,01\,kN$

$V = -B_{v\perp} = -5,01\,kN$

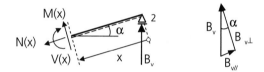

Abb. 6.64 Schnitt rechter Teil

> **Bei vertikaler Belastung kann zur Berechnung der Auflagerreaktionen und der Biegemomentenwerte der Ersatzträger herangezogen werden.**
>
> **Die Querkraft- und Normalkraftwerte müssen für das schräge System ermittelt werden.**

Zustandslinien

Die Schnittgrößen bei geneigten Trägern werden normal zur Systemlinie des Trägers aufgetragen.

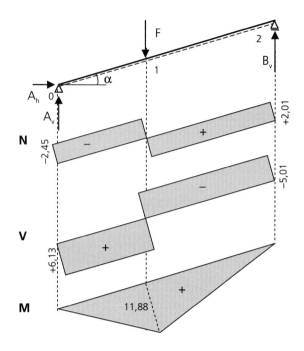

Abb. 6.65 Zustandslinien schräger Träger mit Einzellast

Schräger Träger mit vertikalen Gleichlasten

Wird ein schräger Träger mit einer Gleichlast beansprucht, ist zu unterscheiden, ob die Beanspruchung auf die schräge Länge oder auf die Projektionslänge zu beziehen ist.

Entsprechend der Lastaufstellung sind **Eigenlasten** auf die schräge Lage zu beziehen.

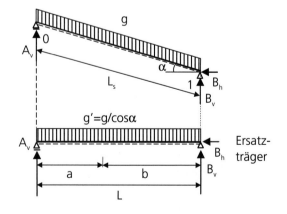

Abb. 6.66 Schräger Träger unter Eigenlast

Bezieht man die Belastung g auf die Projektionslänge L, erfolgt die Umrechnung über den Winkel α mit

$$g' = \frac{g}{\cos\alpha}.$$

Die Auflagerreaktionen und das maximale Biegemoment können für den Ersatzbalken ermittelt werden.

$$A_h = 0$$

$$A_v = B_v = \frac{g' \cdot L}{2}$$

$$M_{max} = \frac{g' \cdot L^2}{8}$$

Die Querkraft- und Normalkraftwerte müssen auf das schräge System bezogen werden.

Zerlegt man die vertikalen Auflagerkräfte in die lokalen Systemachsen, können die Schnittkräfte N und V an den Lagerungspunkten angegeben werden:

$$V_0 = A_{v\perp} = A_v \cdot \cos\alpha$$

$$N_0 = -A_{v/\!/} = -A_v \cdot \sin\alpha$$

$$V_1 = -B_{v\perp} = -B_v \cdot \cos\alpha$$

$$N_1 = B_{v/\!/} = B_v \cdot \sin\alpha$$

Zustandslinien

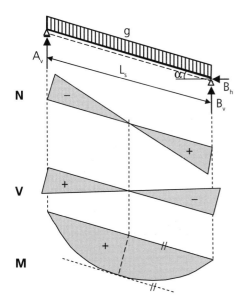

Abb. 6.67 Zustandslinien schräger Träger unter Eigenlast

Die **veränderlichen Einwirkungen** wie z.B. Schnee oder Nutzlasten im Hochbau werden auf die Projektionslänge bezogen.

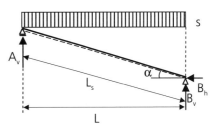

Abb. 6.68 Schräger Träger mit Nutzlast

Die Auflagerreaktionen und Schnittgrößen erhält man entsprechend dem zuvor gezeigten Beispiel.

$$A_h = 0$$

$$A_v = B_v = \frac{s \cdot L}{2}$$

$$M_{max} = \frac{s \cdot L^2}{8}$$

Der Verlauf der Zustandslinien entspricht Abb. 6.66 mit den an die Gleichlast s angepassten Werten.

Ist bei den veränderlichen Einwirkungen eine **Windbelastung** zu berücksichtigen, bezieht sich die Gleichlast w auf die Systemlinie, d.h. die Windbelastung wirkt senkrecht zur Trägerachse.

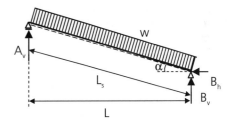

Abb. 6.69 Schräger Träger mit Windbelastung

Auflagerreaktionen

$$B_h = -(w \cdot L_s) \cdot \sin\alpha$$

$$A_v = B_v = \frac{(w \cdot L_s)}{2 \cdot \cos\alpha}$$

Schnittgrößen

Die Schnittgrößen an den Lagerpunkten erhält man wiederum durch Transformation der Auflagerkräfte in die lokalen Systemachsen.

Statisch bestimmte Träger

$$V_0 = \frac{(w \cdot L_s)}{2} = -V_1$$

$$N_0 = \frac{w \cdot L_s}{2} \cdot \tan\alpha = N_1$$

Das maximale Biegemoment berechnet man mit

$$M_{max} = \frac{w \cdot L_s^2}{8},$$

wobei die schräge Länge L_s zu verwenden ist.

Zustandslinien

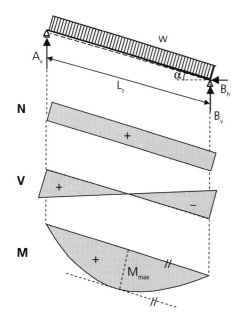

Abb. 6.70 Zustandslinien für die Windbelastung

Die Normalkraft ist konstant über die gesamte Trägerlänge in der Größe des Anteiles von $A_{v//}$.

Der Verlauf der Querkräfte und Biegemomente ist mit den beiden zuvor behandelten Belastungsarten vergleichbar.

Beispiel 9: Geknickter Träger mit Gleich- und Einzellast

Gegeben:

a = 3,0 m   b = 4,0 m   c = 1,0 m   L = 7,0 m

h = 3,0 m

F = 31 kN   q = 6,8 kN/m

$$\tan\alpha = \frac{3}{4} \quad \alpha = 36,87°$$

Gesucht:

Auflagerreaktionen und Schnittgrößen.

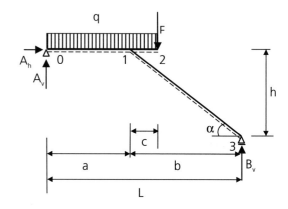

Abb. 6.71 Geknickter Träger mit Gleich- und Einzellast

Auflagerreaktionen

$\Sigma H = 0 : A_h = 0$

$\Sigma M_3 = 0 : A_v \cdot 7 - 6,8 \cdot 4 \cdot 5 - 31 \cdot 3 = 0$

$\Sigma M_0 = 0 : B_v \cdot 7 - 6,8 \cdot 4 \cdot 2 - 31 \cdot 4 = 0$

$A_h = 0$

$A_v = 32,7$ kN

$B_v = 25,5$ kN

Schnittgrößen

Abschnitt 0–1:

$N_0 = N_1 = 0$

$V_0 = A_v = 32,7$ kN

$V_1 = A_v - p \cdot a = 12,3$ kN

$M_0 = 0$

$M_1 = A_v \cdot a - p \cdot \frac{a^2}{2} = 67,5$ kNm

Abschnitt 1–2:

$N_1 = N_2 = 0$

$V_1 = F = 31$ kN

$V_2 = F + p \cdot c = 37{,}8 \, kN$

$M_1 = -F \cdot c - p \dfrac{c^2}{2} = -34{,}4 \, kNm$

$M_2 = 0$

Abschnitt 1–3:

$N_1 = N_3 = -B_v \cdot \sin\alpha = -15{,}3 \, kN$

$V_1 = V_3 = -B_v \cdot \cos\alpha = -20{,}4 \, kN$

$M_1 = B_v \cdot b = 102{,}0 \, kNm$

$M_3 = 0$

Zustandslinien

Eine Kontrolle im Verzweigungspunkt 1 gibt uns Aufschluss, ob die Gleichgewichtsbedingungen in korrekter Weise erfüllt sind. Gemäß Abb. 6.69 werden die Gleichgewichtsbedingungen für den Verzweigungspunkt angeschrieben.

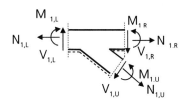

Abb. 6.72 Verzweigungspunkt

$\sum H = 0 : N_{1,R} - N_{1,L} - V_{1,U} \cdot \sin\alpha + N_{1,U} \cdot \cos\alpha = 0$

$\sum V = 0 : -V_{1,R} + V_{1,L} - V_{1,U} \cdot \cos\alpha - N_{1,U} \cdot \sin\alpha = 0$

$\sum M = 0 : M_{1,R} - M_{1,L} + M_{1,U} = 0$

Abschließend werden die Zustandslinien dargestellt.

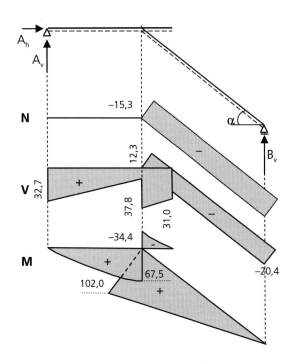

Abb. 6.73 Zustandslinien geknickter Träger

Statisch bestimmte Träger

6.11 Aufgaben zu Kapitel 6

Für alle in diesem Kapitel dargestellten Aufgaben sind die Auflagerreaktionen und Schnittgrößen zu ermitteln.

Aufgabe 1: Einfeldträger mit Gleichlasten

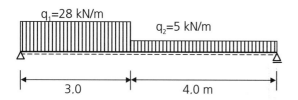

Aufgabe 2: Einfeldträger mit Gleichlast und Einzelkraft

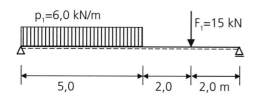

Aufgabe 3: Einfeldträger mit Einzelkräften

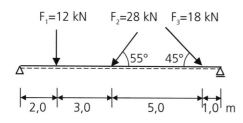

Aufgabe 4: Einfeldträger mit Einzelkraft und Moment

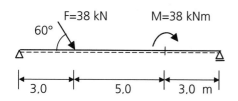

Aufgabe 5: Kragträger mit Einzelmoment

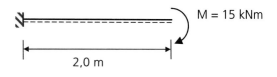

Aufgabe 6: Kragträger mit Streckenlasten und einer Einzelkraft

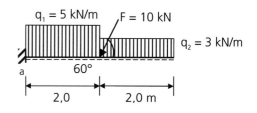

Aufgabe 7: Eingespannte Stütze unter Windbelastung und Einzelkraftangriff

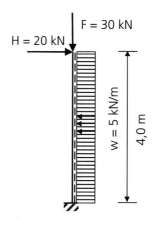

Statisch bestimmte Träger

Aufgabe 8: Kragträger mit Dreiecksbelastung

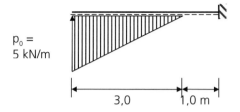

$p_0 = 5$ kN/m

Aufgabe 9: Kragträger mit Einzelkräften

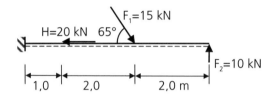

Aufgabe 10: Kragträger mit Gleichlast

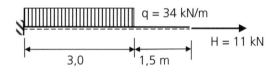

Aufgabe 11: Einfeldträger mit Kragarm mit Gleichlasten und Einzelkraft

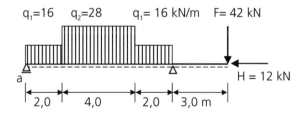

Aufgabe 12: Einfeldträger mit Kragarm mit Dreieckslast

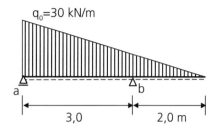

Aufgabe 13: Einfeldträger mit Kragarm mit Gleichlast und Einzelmoment

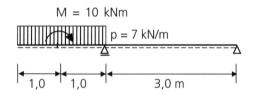

Aufgabe 14: Rahmen mit Dreieckslast und Einzelkraft

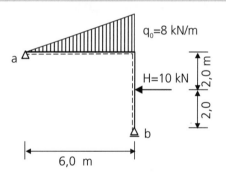

Aufgabe 15: Rahmen mit Gleichlast und Einzelkräften

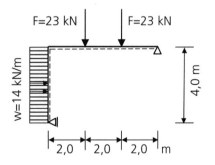

Statisch bestimmte Träger

Aufgabe 16: Abgewinkelter Einfeldträger mit Gleichlasten

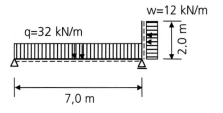

Aufgabe 19: Geknickter Träger mit Gleichlast und Einzelkraft

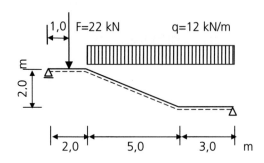

Aufgabe 17: Geneigter Träger mit Einzelkräften

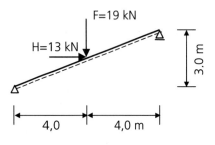

Aufgabe 20: Geknickter Träger mit Einzelkräften

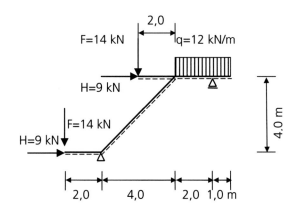

Aufgabe 18: Geneigter Träger mit Gleichlast

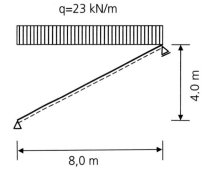

7 Mehrteilige Tragwerke

7.1 Gelenksträger

Durch Einfügen von Gelenken in einen Durchlaufträger können statisch bestimmte Tragsysteme gebildet werden. In Kapitel 5 wird die Bestimmung der statischen Bestimmtheit und die statische Zerlegung mehrteiliger Tragsysteme im Detail besprochen.

Im Rahmen der statischen Untersuchung von Gelenkträgern wird in diesem Kapitel einerseits die Berechnung der Auflagerreaktionen und Gelenkskräfte, andererseits die Ermittlung der Schnittgrößen und die daraus resultierenden Zustandslinien gezeigt.

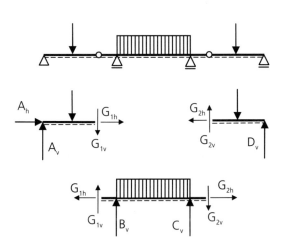

Abb. 7.1 Schnittprinzip Gelenkträger

Für die Berechnung der Auflager- und Gelenkskräfte zerlegt man das Gesamtsystem in die einzelnen Teile und stellt für jeden Teil gesondert die drei Gleichgewichtsbedingungen auf.

Durch schrittweises Lösen der Gleichungen erhalten wir die unbekannten Kräfte. Als Kontrolle empfiehlt sich, für das Gesamtsystem eine Gleichgewichtskontrolle durchzuführen.

In weiterer Folge erhalten wir die Schnittgrößen in gleicher Weise wie bei den einteiligen Trägern, indem wir das Schnittprinzip für alle Teile anwenden.

Das Ergebnis der Schnittgrößen wird in den Zustandslinien mit Angabe der maßgebenden Größen und deren Lage grafisch dargestellt.

Das folgende Zahlenbeispiel verdeutlicht den Berechnungsablauf.

Beispiel 1:   Zweifeldgelenksträger

Gegeben:

Geometrie und Belastung gemäß Abb. 7.2.

$F = 42$ kN $q = 23$ kN/m

Gesucht:

Auflager- und Gelenkskräfte, Schnittgrößen.

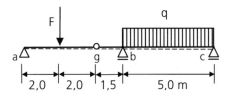

Abb. 7.2 Zweifeldgelenksträger

Auflager- und Gelenkskräfte

Zur Berechnung der Auflager- und Gelenkskräfte wird der Gelenksträger nach dem Schnittprinzip durch das Gelenk in zwei Teile geteilt.

Teil 1 – Schleppträger:

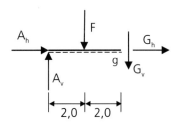

Abb. 7.3 Schleppträger

$\Sigma H = 0 : A_h + G_h = 0$

$\Sigma V = 0 : A_v - G_v - F = 0$

$\Sigma M_g = 0 : A_v \cdot 4 - F \cdot 2 = 0$

Aus dem Momentengleichgewicht erhalten wir A_v und aus dem Gleichgewicht der vertikalen Kräfte G_v.

Mehrteilige Tragwerke

$$A_v = \frac{F \cdot 2}{4} \qquad G_v = -F + A_v$$

$$\Rightarrow \quad A_v = 21{,}0 \text{ kN}$$

$$G_v = -21{,}0 \text{ kN}$$

Die horizontalen Reaktionskräfte können erst über den zweiten Teil ermittelt werden.

Teil 2 – Einfeldträger mit Kragarm:

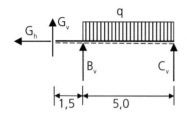

Abb. 7.4 Einfeldträger mit Kragarm

$\Sigma H = 0 : G_h = 0$

$\Sigma V = 0 : B_v + C_v + G_v - q \cdot 5 = 0$

$\Sigma M_c = 0 : B_v \cdot 5 + G_v \cdot 6{,}5 - \frac{q \cdot 5^2}{2} = 0$

Ohne horizontale Einwirkung wird G_h in Teil 2 und A_h in Teil 1 null.

$$\Rightarrow \quad G_h = 0 \text{ kN}$$

$$A_h = 0 \text{ kN}$$

Die Auflagerkraft B_v resultiert aus dem Momentengleichgewicht, C_v aus dem Gleichgewicht der vertikalen Kräfte.

$$\Rightarrow \quad B_v = 84{,}8 \text{ kN}$$

$$C_v = 51{,}2 \text{ kN}$$

Schnittgrößen

Auch die Schnittgrößen werden getrennt für jeden Teil über die Gleichgewichtsbedingungen ermittelt und sind in Abb. 7.5 in Form der Zustandslinien dargestellt.

Charakteristika der Zustandslinien

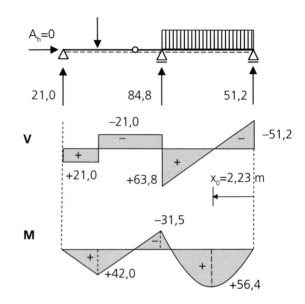

Abb. 7.5 Zustandslinien Gelenksträger

Querkraft V

Teil 1:

- stückweise konstant mit einem Sprung in der Größe von F an der Krafteinleitungsstelle ($V_a = 21{,}0$ kN, $V_g = -21{,}0$ kN)

Teil 2:

- konstant vom Gelenk bis zum Auflager b ($V_{b,links} = -21{,}0$ kN)

- Sprung in der Größe von B_v ($V_{b,rechts} = 63{,}8$ kN)

- linear veränderlich bis zum Auflager c ($V_c = -51{,}2$ kN)

Biegemoment M

Teil 1:

- am gelenkigen Lagerpunkt a null

- lineare Zunahme bis zum Maximalwert des Schleppträgers an der Krafteinleitungsstelle ($M_{max} = 42{,}0$ kNm)

- Abnahme bis zum Gelenk auf null

Teil 2:

- bis zum Auflager b lineare Zunahme auf den Minimalwert des Stützmomentes
  ($M_b = -31{,}5$ kNm)

- parabolischer Verlauf zwischen den beiden Lagerungspunkten b und c mit dem Maximalwert an der Stelle $x_0 = 2{,}23$ m vom Punkt c aus gemessen
  ($M_{max} = 56{,}4$ kNm)

Beispiel 2: Dreifeldgelenkträger

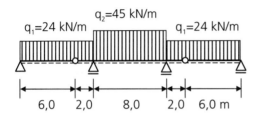

Abb. 7.6 Gelenksträger über 3 Felder

Gegeben:

Gelenksträger über 3 Felder nach Abb. 7.6.

Belastung:

$q_1 = 24$ kN/m $q_2 = 45$ kN/m

Gesucht:

Auflager- und Gelenkskräfte, Schnittgrößen

Auflager- und Gelenkskräfte

Teil 1:

$\Sigma H = 0 : A_h + G_{1h} = 0$

$\Sigma V = 0 : A_v - G_{1v} - q_1 \cdot 6 = 0$

$\Sigma M_{g1} = 0 : A_v \cdot 6 - q_1 \cdot \dfrac{6^2}{2} = 0$

$\Rightarrow \quad A_v = 72{,}0$ kN

$\qquad G_{1v} = -72{,}0$ kN

Teil 3:

$\Sigma H = 0 : G_{2h} = 0$

$\Sigma V = 0 : D_v + G_{2v} - q_1 \cdot 6 = 0$

$\Sigma M_{g1} = 0 : D_v \cdot 6 - q_1 \cdot \dfrac{6^2}{2} = 0$

$\Rightarrow \quad D_v = 72{,}0$ kN

$\qquad G_{2v} = 72{,}0$ kN

$\qquad G_{1h} = 0$

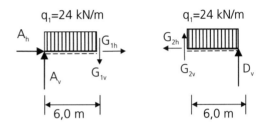

Abb. 7.7 Schleppträger Teil 1 und Teil 3

Teil 2:

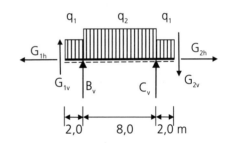

Abb. 7.8 Kragträger Teil 2

$\Sigma H = 0 : -G_{1h} + G_{2h} = 0$

$\Sigma V = 0 : B_v + C_v + G_{1v} - G_{2v} - 2 \cdot q_1 \cdot 2 - q_2 \cdot 8 = 0$

$\Sigma M_C = 0 : -B_v \cdot 8 - G_{1v} \cdot 10 + q_1 \cdot 2 \cdot 9 + q_2 \cdot 8 \cdot 4 -$

$\qquad - q_1 \cdot 2 \cdot 1 - G_{2v} \cdot 2 = 0$

$\Rightarrow \quad B_v = 300{,}0$ kN

$\qquad C_v = 300{,}0$ kN

$\qquad G_{1h} = 0$

Aufgrund des Ergebnisses von G_{1h} folgt für Teil 1

$\Rightarrow \quad A_h = 0 .$

Mehrteilige Tragwerke

Zustandslinien

Auf eine ausführliche Berechnung der Schnittgrößen wird verzichtet. Das Endergebnis ist in Abb. 7.9 in Form der Zustandslinien dargestellt.

Die Auswirkung des Gelenkes ist in der Biegemomentenlinie ablesbar. Das Biegemoment ist in den Gelenkspunkten null. Ansonsten ist eine Durchlaufwirkung erkennbar.

Als Ergänzung dieses Beispiels wird im statischen System die Lage der Gelenkspunkte verändert. Das Gelenk im rechten Randfeld wird in die Mitte des Mittelfeldes verschoben. Die Auflager- und Gelenksreaktionen und die Schnittgrößenermittlung werden nicht im Detail behandelt, sondern nur die Zustandslinien in Abb. 7.10 zum Vergleich dargestellt.

Durch die Lage der Gelenke verschiebt sich die Biegemomentenlinie, sodass das Stützmoment im Punkt c sehr stark zunimmt ($M_c = -528$ kNm) und folglich die positiven Biegemomente im Feld 3 fast zur Gänze verschwinden. Im Feld 1 bleiben die Schnittgrößen gegenüber der Ausgangssituation nahezu unverändert.

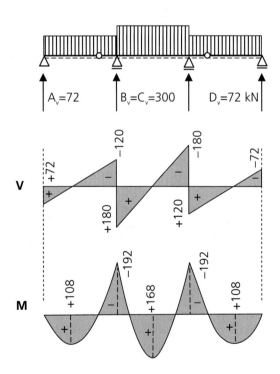

Abb. 7.9 Zustandslinien Dreifeldgelenkträger

Folglich können wir zusammenfassen, dass die Lage der Gelenkspunkte die Schnittgrößen des Tragsystems stark beeinflusst, d.h., durch gute Wahl der Gelenkspunkte ist es möglich, die positiven und negativen Werte der Biegemomente betragsmäßig auszugleichen und so eine wirtschaftliche Dimensionierung zu erreichen.

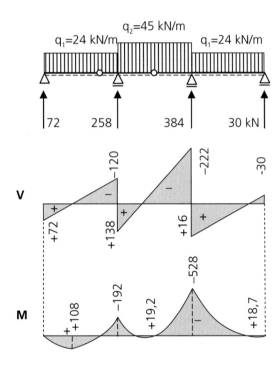

Abb. 7.10 Schnittgrößen Variation Gelenksanordnung

7.2 Dreigelenksrahmen und Dreigelenksbogen

Der Dreigelenksrahmen ist charakterisiert durch seine beiden unverschieblich gelagerten Fußpunkte und ein Gelenk innerhalb des statischen Systems. Daraus resultiert die statische Bestimmtheit des zweiteiligen Tragsystems.

Die Lage des Gelenkspunktes kann nahezu beliebig gewählt werden, jedoch werden wir an den Beispielen erkennen, dass davon der Verlauf der Schnittgrößen beeinflusst wird.

Der Berechnungsablauf entspricht dem der Gelenksträger:

- Schnitt durch das Gelenk – 2 Teilsysteme,
- Berechnung der Auflager- und Gelenkskräfte,

- Schnittgrößenermittlung,
- grafische Darstellung der Schnittgrößen.

Für die beiden Teilsysteme können je drei Gleichgewichtsbedingungen angeschrieben werden. Es entsteht ein Gleichungssystem mit 6 Unbekannten.

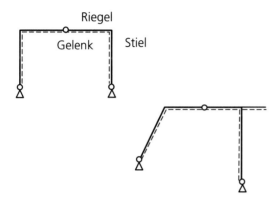

Abb. 7.11 Dreigelenksrahmen

Durch geschickte Wahl der Momentengleichgewichtsbedingungen der beiden Teilsysteme ist ein Entkoppeln der Unbekannten möglich, wodurch die Lösung einfacher herbeigeführt werden kann.

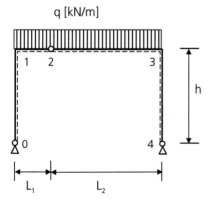

Abb. 7.12 Dreigelenksrahmen mit Gleichlast

Betrachten wir als Beispiel einen Dreigelenksrahmen unter der Wirkung einer Gleichlast q (Abb. 7.12).

Nach dem Schnittprinzip wird das System im Gelenkspunkt in die zwei Teile zerlegt.

Auflager- und Gelenkskräfte

Aus den beiden Momentengleichgewichtsbedingungen einerseits mit Bezugspunkt 0, andererseits mit Bezugspunkt 4, lassen sich die beiden Gelenkskräfte ermitteln.

$$\sum M_0 = 0 : -G_v \cdot L_1 - G_H \cdot h - q\frac{L_1^2}{2} = 0$$

$$\sum M_4 = 0 : -G_v \cdot L_2 + G_H \cdot h + q\frac{L_2^2}{2} = 0$$

$$\Rightarrow \quad G_v = \frac{q}{2}(L_2 - L_1)$$

$$G_H = -\frac{q}{2} \cdot \frac{L_1 \cdot L_2}{h}$$

In weiterer Folge können die Auflagerkräfte aus dem jeweiligen Kräftegleichgewicht ermittelt werden.

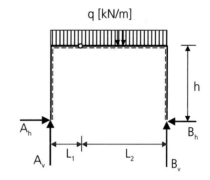

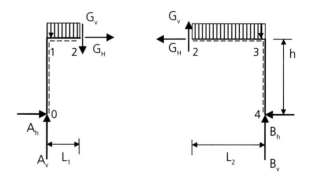

Abb. 7.13 Schnittprinzip Dreigelenksrahmen

Mehrteilige Tragwerke

Teil 1:

$\sum H = 0 : A_H + G_H = 0$

$\sum V = 0 : A_V - G_V - q \cdot L_1 = 0$

$\Rightarrow \quad A_H = \frac{q}{2} \cdot \frac{L_1 \cdot L_2}{h}$

$\quad\quad\quad A_V = \frac{q}{2} \cdot (L_1 + L_2)$

Teil 2:

$\sum H = 0 : -B_H - G_H = 0$

$\sum V = 0 : B_V + G_V - q \cdot L_2 = 0$

$\Rightarrow \quad B_H = \frac{q}{2} \cdot \frac{L_1 \cdot L_2}{h}$

$\quad\quad\quad B_V = \frac{q}{2} \cdot (L_1 + L_2)$

Schnittgrößen

Teil 1:

Die Gleichgewichtsbedingungen sind getrennt für den Stiel und den Riegel anzuschreiben. Es ist darauf zu achten, dass sich die Schnittgrößen nach der Systemlinie orientieren, d.h., die Normalkraft im Stiel geht in die Querkraft des Riegels über.

Stiel:

$N(x) = -A_V = -\frac{q}{2}(L_1 + L_2)$

$V(x) = -A_H = -\frac{q}{2} \cdot \frac{L_1 \cdot L_2}{h}$

$M(x) = -A_H \cdot x = -\frac{q}{2} \cdot \frac{L_1 \cdot L_2}{h} \cdot x$

Auswertung an der Stelle 0 (x = 0) und 1 (x = h)

$N_0 = N_1 = -\frac{q}{2}(L_1 + L_2)$

$V_0 = V_1 = -\frac{q}{2} \cdot \frac{L_1 \cdot L_2}{h}$

$M_0 = 0$

$M_1 = -\frac{q}{2} \cdot L_1 \cdot L_2$

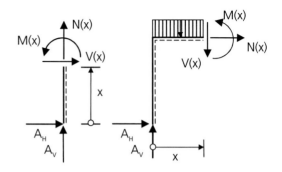

Abb. 7.14 Schnittgrößen Teil 1

Riegel:

$N(x) = -A_H$

$V(x) = A_V - q \cdot x$

$M(x) = +A_V \cdot x - A_H \cdot h - q \cdot \frac{x^2}{2}$

Auswertung an der Stelle 1 (x = 0) und 2 (x = L_1)

$N_1 = N_2 = -\frac{q}{2} \cdot \frac{L_1 \cdot L_2}{h}$

$V_1 = \frac{q}{2}(L_1 + L_2)$

$V_2 = \frac{q}{2}(L_2 - L_1)$

$M_1 = -q\frac{L_1 \cdot L_2}{2}$

$M_2 = 0$

Die Auswertung des Biegemomentes M_2 führt zum schon bekannten Ergebnis, dass der Biegemomentenwert im Gelenk null sein muss.

Teil 2:

Stiel:

$N(x) = -B_V = -\frac{q}{2}(L_1 + L_2)$

$V(x) = +B_H = \frac{q}{2} \cdot \frac{L_1 \cdot L_2}{h}$

$M(x) = -B_H \cdot x = -\frac{q}{2} \cdot \frac{L_1 \cdot L_2}{h} \cdot x$

Auswertung für Punkt 4 (x = 0) und 3 (x = h)

$$N_4 = N_3 = -\frac{q}{2}(L_1 + L_2)$$

$$V_4 = V_3 = \frac{q}{2} \cdot \frac{L_1 \cdot L_2}{h}$$

$$M_4 = 0$$

$$M_3 = -\frac{q}{2} \cdot L_1 \cdot L_2$$

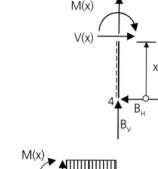

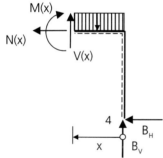

Abb. 7.15 Schnittgrößen Teil 2

Riegel:

$$N(x) = -B_H = -\frac{q}{2} \cdot \frac{L_1 \cdot L_2}{h}$$

$$V(x) = -B_V + q \cdot x = -\frac{q}{2}(L_1 + L_2) + q \cdot x$$

$$M(x) = +B_V \cdot x - B_H \cdot h - q \cdot \frac{x^2}{2} =$$
$$= \frac{q}{2}(L_1 + L_2) \cdot x - q \cdot \frac{L_1 \cdot L_2}{2} - q\frac{x^2}{2}$$

Auswertung an der Stelle 3 (x = 0) und 2 (x = L_2)

$$N_3 = N_2 = -\frac{q}{2}\frac{L_1 \cdot L_2}{h}$$

$$V_3 = -\frac{q}{2}(L_1 + L_2)$$

$$V_2 = -\frac{q}{2}(L_1 - L_2)$$

$$M_3 = -\frac{q}{2} \cdot L_1 \cdot L_2$$

$$M_2 = 0$$

Die mathematischen Funktionen sind aus den Gleichgewichtsbedingungen ablesbar.

Zustandslinien

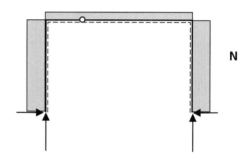

N

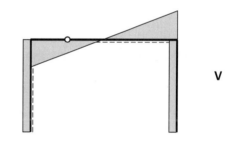

V

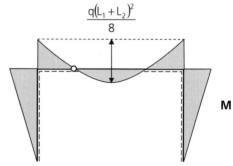

M

Abb. 7.16 Zustandslinien Dreigelenksrahmen

Die Normalkraft verläuft sowohl im Riegel als auch in den beiden Stielen konstant.

Die Querkraft ist in den Stielen konstant, im Riegel aufgrund der Gleichlastbeanspruchung linear veränderlich.

Mehrteilige Tragwerke

Die Biegemomentenwerte sind in den Lagerungspunkten null und nehmen im negativen Bereich in den Stielen linear zu bis zum Minimalwert in den beiden Rahmenecken. Der Verlauf im Riegel ist parabelförmig.

Zur Kontrolle kann von der Verbindungslinie der beiden Eckmomente aus in Riegelmitte der Biegemomentenwert $q \cdot (L_1+L_2)^2/8$ aufgetragen werden.

Verschieben wir das Gelenk in die Riegelmitte, so sind gemäß Abb. 7.17 die Auswirkungen auf die Biegemomente deutlich erkennbar.

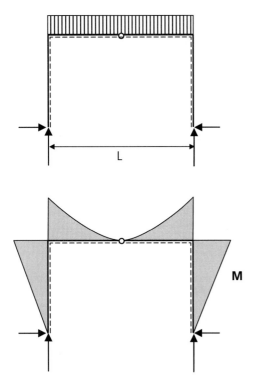

Abb. 7.17 Dreigelenksrahmen mit Mittengelenk

Im Riegel treten nur negative Biegemomente auf. Das Eckmoment ist das betragsmäßig größte Biegemoment mit

$$M_{Eck} = -\frac{q \cdot L^2}{8}.$$

Durch Einfügen eines Gelenkes im Rahmeneck wird aus dem Rahmenstiel eine Pendelstütze, die nur eine Normalkraft aufnehmen kann und gedanklich durch ein horizontal verschiebliches Lager zu ersetzen ist.

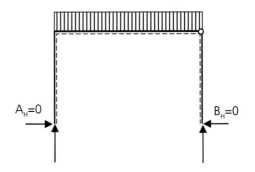

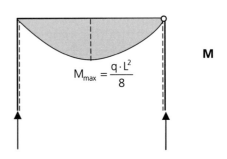

Abb. 7.18 Dreigelenksrahmen mit Eckgelenk

Folglich ist die horizontale Auflagerkraft $B_H = 0$. Der Riegel verhält sich wie ein Einfeldträger mit dem maximalen Biegemoment in Riegelmitte mit

$$M_{Eck} = \frac{q \cdot L^2}{8}.$$

Beispiel 3: Dreigelenksrahmen mit Horizontallast

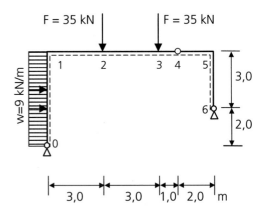

Abb. 7.19 Dreigelenksrahmen mit Horizontallast

Gegeben:

Statisches System gemäß Abb. 7.19.

Belastung:

Wind $\quad$ w = 9 kN/m

Einzelkräfte $\quad$ F = 35 kN

Gesucht:

Auflager- und Gelenkskräfte, Schnittgrößen.

Auflager- und Gelenkskräfte

Mithilfe der Gleichgewichtsbedingungen der beiden Teilsysteme können die sechs unbekannten Auflager- und Gelenkskräfte ermittelt werden.

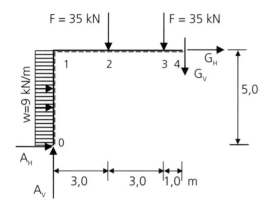

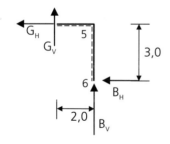

Abb. 7.20 Teilbereiche

Gleichgewichtsbedingungen – Teil 1:

$$\sum M_0 = 0 : -G_V \cdot 7 - G_H \cdot 5 - F(3+6) - w\frac{5^2}{2} = 0$$

$$\sum V = 0 : A_V - G_V - 2 \cdot F = 0$$

$$\sum H = 0 : A_H + w \cdot 5 + G_H = 0$$

Gleichgewichtsbedingungen – Teil 2:

$$\sum M_6 = 0 : G_V \cdot 2 - G_H \cdot 3 = 0$$

$$\sum V = 0 : G_V + B_V = 0$$

$$\sum H = 0 : G_H + B_H = 0$$

Aus den beiden Momentengleichgewichtsbedingungen erhalten wir die beiden Gelenkskräfte.

$$G_H = -27{,}58 \text{ kN}$$

$$G_V = -41{,}37 \text{ kN}$$

Durch Einsetzen in die vier übrigen Kräftegleichgewichtsbedingungen folgt:

$$A_H = -17{,}42 \text{ kN}$$

$$A_V = 28{,}63 \text{ kN}$$

$$B_H = 27{,}58 \text{ kN}$$

$$B_V = 41{,}37 \text{ kN}$$

Schnittgrößen und Zustandslinien

Nach dem Schnittprinzip werden die Schnittgrößen in den Teilbereichen berechnet und in den Zustandslinien zusammengefasst und dargestellt (Abb. 7.21).

Die Normalkraft ist in den beiden Stielen und im Riegel jeweils stückweise konstant mit negativem Vorzeichen.

Die Querkraft verläuft im linken Stiel linear veränderlich mit wechselndem Vorzeichen. Im Riegel ist der Einfluss der Einzelkräfte an den Sprüngen der Querkraftlinie erkennbar. Im unbelasteten rechten Riegel ist die Querkraft konstant.

Aufgrund der Windbelastung ist der Biegemomentenverlauf im linken Stiel parabolisch, im Riegel polygonal und im rechten Stiel dreiecksförmig verteilt. Das betragsmäßig größte Biegemoment tritt im rechten Rahmeneck mit einer Größe von –82,7 kNm auf.

Mehrteilige Tragwerke

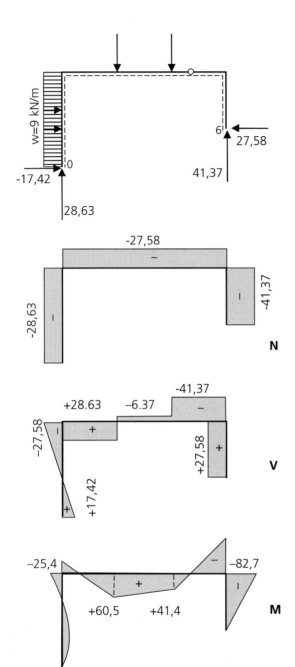

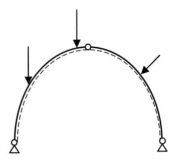

Abb. 7.22 Dreigelenksbogen

Bei der Schnittgrößenermittlung ist die Krümmung des Tragwerkes zu beachten.

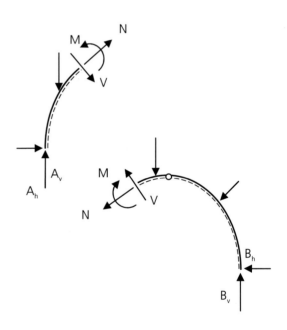

Abb. 7.23 Schnittprinzip Dreigelenksbogen

Dies bedeutet, dass für einen bestimmten Schnitt des Tragsystems die äußere Belastung und die Auflagerreaktionen in die Richtung der Schnittgrößen umgerechnet werden müssen, da Schnittgrößen sich immer an einem lokalen Koordinatensystem als Funktion der Systemlinie eines Tragwerks orientieren.

Abb. 7.21 Zustandslinien

Bei **Dreigelenksbögen** ändert sich die Systemlinie des Tragsystems kontinuierlich und ist gekrümmt.

Die Berechnung der Auflagerreaktionen und Gelenkskräfte erfolgt in gleicher Weise wie beim Dreigelenksrahmen.

7.3 Dreigelenksrahmen und Dreigelenksbogen mit Zugband

Anstelle der beiden festen Lager kann ein Lagerungspunkt horizontal verschieblich ausgebildet werden, indem die beiden Punkte durch ein Zugband miteinander verbunden werden und somit die horizontale Verschieblichkeit verhindert wird.

Das Zugband ist an den beiden Lagerungspunkten gelenkig angeschlossen und kann, wie der Name schon sagt, nur Zugkräfte aufnehmen.

Das folgende Beispiel zeigt die Berechnung eines Dreigelenksbogens mit Zugband.

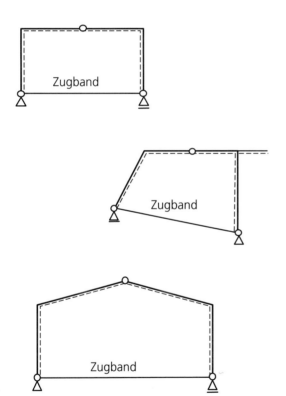

Abb. 7.24 Dreigelenksrahmen mit Zugband

Beispiel 4: Hallenrahmen

Gegeben:

Dreigelenksrahmen mit Zugband.

Als Belastung werden zwei Lastfälle definiert. Die Ergebnisse sind getrennt für jeden einzelnen Lastfall zu berechnen.

Lastfall 1: vertikale Gleichlastbeanspruchung

$q_1 = 18$ kN/m und $q_2 = 36$ kN/m

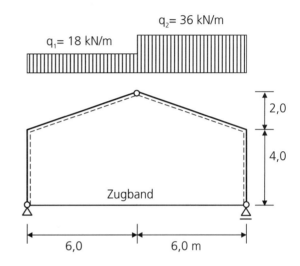

Abb. 7.25 Dreigelenksrahmen – Lastfall 1

Lastfall 2: Windbelastung

Winddruck: $w_D = 5$ kN/m

Windsog: $w_S = 9$ kN/m

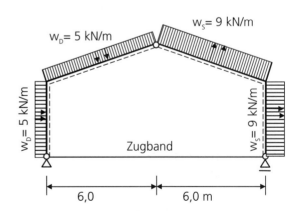

Abb. 7.26 Dreigelenksrahmen – Lastfall 2

Mehrteilige Tragwerke

Die Ermittlung der Auflager-, Gelenkskräfte und Schnittgrößen wird getrennt für beide Lastfälle durchgeführt.

Lastfall 1:

Auflager- und Gelenkskräfte

Die Gleichgewichtsbedingungen für das Gesamtsystem reichen aus, um die Auflagerkräfte A_h, A_v und B_v zu berechnen.

$\sum H = 0 : A_H = 0$

$\sum V = 0 : A_v + B_v - q_1 \cdot 6 - q_2 \cdot 6 = 0$

$\sum M_0 = 0 : B_v \cdot 12 - q_1 \cdot \frac{6^2}{2} - q_2 \cdot 6 \cdot 9 = 0$

$A_h = 0$

$A_v = 135 \, kN$

$B_v = 189 \, kN$

Zur Bestimmung der Kräfte im Gelenk und im Zugband schneiden wir das System in zwei Teile und setzen die Gleichgewichtsbedingungen für Teil 2 an.

Teil 2:

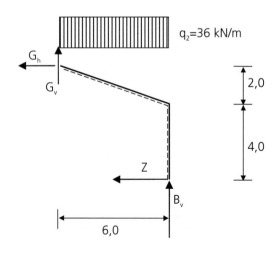

Abb. 7.27 Dreigelenksrahmen Teil 2 – LF 1

$\sum H = 0 : Z + G_h = 0$

$\sum V = 0 : B_v + G_v - q_2 \cdot 6{,}0 = 0$

$\sum M_g = 0 : B_v \cdot 6{,}0 - Z \cdot 6{,}0 - q_2 \cdot \frac{6{,}0^2}{2} = 0$

$Z = 81 \, kN$

$G_h = -81 \, kN$

$G_v = 27 \, kN$

Die Berechnung der Zugbandkraft und der Gelenkskräfte kann auch mithilfe der Gleichgewichtsbedingungen für Teil 1 erfolgen und muss zum selben Ergebnis führen.

Schnittgrößen und Zustandslinien

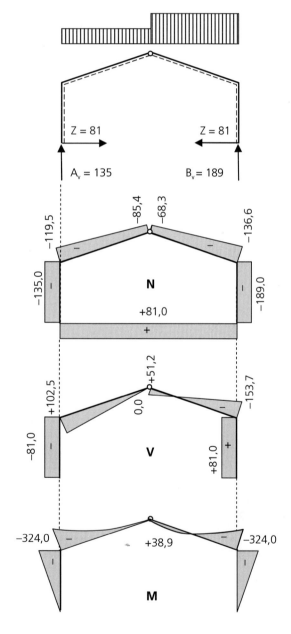

Abb. 7.28 Dreigelenksrahmen Zustandslinien – LF 1

Die Schnittgrößen werden nach dem Schnittprinzip ermittelt und nicht detailliert behandelt. Die Ergebnisse sind in den Zustandslinien abzulesen.

Die Normalkraft verläuft in den Stielen konstant und im Riegel linear veränderlich als Druckkraftbeanspruchung. Im Zugband muss – wie schon der Name sagt – eine Zugkraft wirksam sein.

Die Querkraftanteile in den Stielen resultieren aus der Zugkraft im Zugband. Im Riegel verlaufen sie linear veränderlich aufgrund der Streckenlastbeanspruchung.

Der betragsmäßig größte Biegemomentenwert tritt in den Rahmenecken mit −324 kNm auf. Von dort ausgehend nehmen die Werte auf null hin in den Lagerungspunkten ab bzw. im Riegel bis zum Gelenk. Aufgrund der hohen Streckenlast im rechten Teil zeigt die Biegemomentenlinie im rechten Riegelteil sowohl positive als auch negative Werte. Das maximal positive Biegemoment tritt an jener Stelle auf, an der die Querkraft null ist.

Lastfall 2:

Auflager- und Gelenkskräfte

Neigung des Riegels:

$$\tan\alpha = \frac{2}{6} \Rightarrow \alpha = 18{,}43°$$

Für die Berechnung der Auflager- und Gelenkskräfte kann die Belastung in den Stielen und im Riegel als Resultierende angesetzt werden.

$R_{S,D} = w_D \cdot 4 = 5 \cdot 4$ $\quad R_{S,D} = 20{,}0$ kN

$R_{S,S} = w_S \cdot 4 = 9 \cdot 4$ $\quad R_{S,D} = 36{,}0$ kN

$R_{R,D} = w_D \cdot \dfrac{6}{\cos\alpha} = 5 \cdot \dfrac{6}{\cos 18{,}43°}$ $\quad R_{R,D} = 31{,}6$ kN

$R_{R,S} = w_S \cdot \dfrac{6}{\cos\alpha} = 9 \cdot \dfrac{6}{\cos 18{,}43°}$ $\quad R_{R,S} = 56{,}9$ kN

Gleichgewichtsbedingungen – Gesamtsystem:

$\sum H = 0: A_H + R_{S,D} + R_{S,S} + (R_{R,D} + R_{R,S}) \cdot \sin\alpha = 0$

$\sum V = 0: A_v + B_v - R_{R,D} \cdot \cos\alpha + R_{R,S} \cdot \cos\alpha = 0$

$\sum M_a = 0: -(R_{S,D} + R_{S,S}) \cdot 2 - R_{R,D} \cdot (\sin\alpha \cdot 5 + \cos\alpha \cdot 3) - $
$\quad - R_{R,S} \cdot (\sin\alpha \cdot 5 - \cos\alpha \cdot 9) + B_v \cdot 12 = 0$

$A_h = -84{,}0$ kN

$A_v = -12{,}0$ kN

$B_v = -12{,}0$ kN

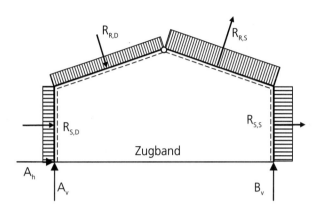

Abb. 7.29 Resultierende Belastung – LF 2

Wie bei Lastfall 1 können die Gelenkkräfte und die Zugkraft im Zugband nur für ein Teilsystem berechnet werden.

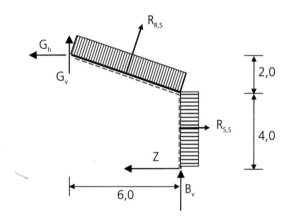

Abb. 7.30 Teil 2 – LF 2

Gleichgewichtsbedingungen Teil 2 zufolge der Windbelastung:

$\sum M_g = 0: B_v \cdot 6 - Z \cdot 6 + R_{S,S} \cdot 4 + $
$\quad + R_{R,S} \cdot (\sin\alpha \cdot 1 + \cos\alpha \cdot 3) = 0$

$\sum H = 0: -Z - G_h + R_{S,S} + R_{R,S} \cdot \sin\alpha = 0$

$\sum V = 0: B_v + G_v + R_{R,S} \cdot \cos\alpha = 0$

Mehrteilige Tragwerke

$Z = 42{,}0$ kN

$G_h = 12{,}0$ kN

$G_v = -42{,}0$ kN

Zustandslinien

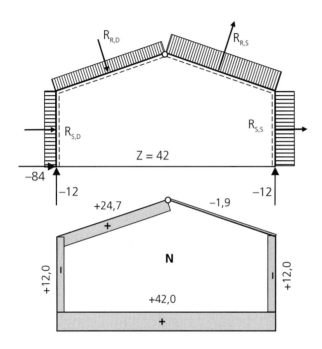

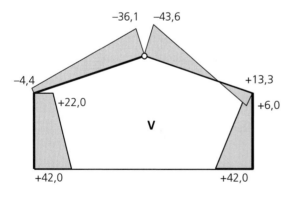

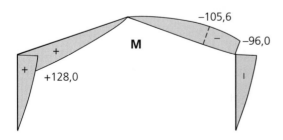

Abb. 7.31 Zustandslinien – LF 2

Alle horizontalen Lastanteile müssen im Lagerungspunkt a von der Auflagerkraft A_h aufgenommen werden. Aufgrund der großen Sogbelastung im linken Rahmenteil resultiert sowohl für A_v als auch B_v eine abhebende Reaktionskraft.

Aufgrund der Belastung normal zur Systemlinie verläuft die Normalkraft bereichsweise konstant.

Die Querkraftlinie ist entlang der gesamten Struktur linear veränderlich.

Auffallend an der Biegemomentenlinie für Lastfall 2 ist die antimetrische Figur. Im linken Stiel und Riegel sind die Werte positiv, im rechten Teil negativ.

Dies bedeutet, dass für einen bestimmten Schnitt des Tragsystems die äußere Belastung und die Auflagerreaktionen in die Richtung der Schnittgrößen umgerechnet werden müssen, da Schnittgrößen sich immer an einem lokalen Koordinatensystem als Funktion der Systemlinie eines Tragwerks orientieren.

7.4 Aufgaben zu Kapitel 7

Für alle Aufgaben in diesem Kapitel sind die Auflagerreaktionen und Schnittgrößen zu ermitteln.

Aufgabe 1: Zweifeldträger

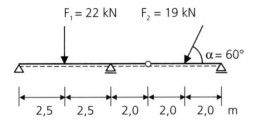

Aufgabe 2: Dreifeldträger

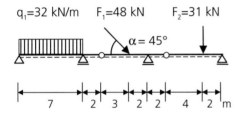

Aufgabe 3: Dreigelenksrahmen mit Streckenlasten

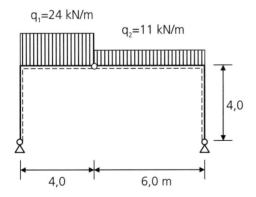

Aufgabe 4: Dreigelenksrahmen mit Horizontalkraft

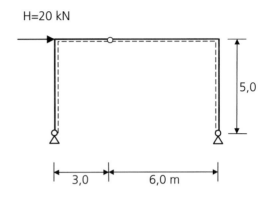

Aufgabe 5: Dreigelenksrahmen – Gleichlast

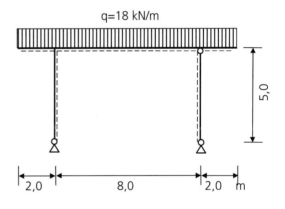

Mehrteilige Tragwerke

Aufgabe 6: Dreigelenksrahmen – Horizontal- und Vertikalbelastung

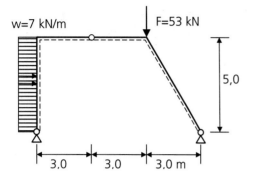

Aufgabe 7: Dreigelenksrahmen mit Einzelkräften

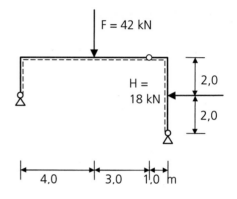

8 Statisch bestimmte ebene Fachwerke

8.1 Allgemeines

Fachwerke setzen sich aus geraden Stäben zusammen, die an ihren Enden miteinander verbunden sind. Bei der Berechnung geht man von folgenden Annahmen (Idealisierungen) aus.

- Die Stäbe sind in den Knoten durch reibungsfreie Gelenke verbunden.
- Die Stäbe sind gerade.
- Die Stabachsen schneiden sich in den Knotenpunkten.
- Die Belastung greift nur in den Knotenpunkten an.

Unter diesen Voraussetzungen entstehen in den Stäben nur **Normalkräfte** und diese wirken als Zug- oder Druckkräfte. Sie werden auch **Stabkräfte** genannt. Querkräfte und Biegemomente sind gleich null. Treten Gleichlastbeanspruchungen auf – z.B. durch Eigenlasten – wird diese Einwirkung in gleichwertige Einzelkräfte in den Fachwerksknoten umgerechnet. Durch diese Vereinfachung wird zwar die Biegebeanspruchung der einzelnen Fachwerkstäbe vernachlässigt (Sekundärbiegung), doch das wesentliche Tragverhalten wird unter diesen Annahmen bei üblichen Fachwerksystemen ausreichend erfasst.

Würde man die Knoten biegesteif annehmen, müsste man hochgradig statisch unbestimmte Rahmentragwerksysteme mit einem erheblich größeren Aufwand untersuchen.

In Abb. 8.1 sind die üblichen Bezeichnungen von Fachwerkstäben erläutert.

Wir unterscheiden die Gurtstäbe mit Ober- und Untergurt. Die vertikalen Pfosten und Diagonalen können auch als sogenannte Ausfachungen zusammengefasst werden.

Fachwerkträger werden sehr häufig für Dachbinder, als Kranbahn- und Brückenträger, Stützen und Türme verwendet.

Wir können Fachwerke nach der Linienführung der Gurte einteilen – z.B. Fachwerke mit parallelen, dreiecksförmigen oder polygonalen Gurten.

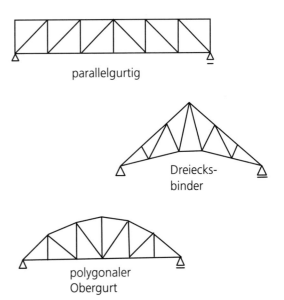

Abb. 8.2 Fachwerksysteme

Die Füllstäbe von Fachwerken können in sehr unterschiedlicher Art der Füllung ausgeführt werden. Oft leitet sich danach die Bezeichnung des Fachwerktyps ab, wie z.B.

- Strebenfachwerk,
- Pfosten- oder Ständerfachwerk,
- Strebenfachwerk mit Hilfsausfachung,
- K-Fachwerk,
- Pfostenfachwerk mit gekreuzten Stäben,
- Rautenfachwerk.

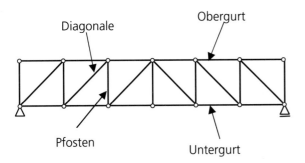

Abb. 8.1 Bezeichnung der Fachwerkstäbe

Statisch bestimmte ebene Fachwerke

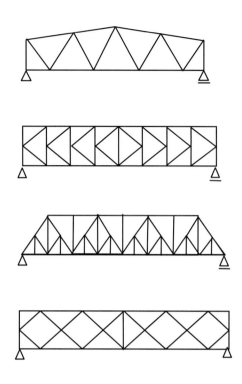

Abb. 8.3 Arten von Ausfachungen

8.2 Fachwerkaufbau

Betrachten wir ein Gelenksviereck (Abb. 8.4), so müssen wir feststellen, dass es aufgrund einer horizontalen Krafteinwirkung zusammenklappt und somit kein stabiles Tragsystem darstellt.

Sobald wir aber einen Diagonalstab einfügen, stabilisieren wir unser Tragsystem.

Aus dieser Überlegung sind die Bildungsgesetze für Fachwerke abzuleiten.

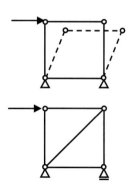

Abb. 8.4 Gelenksviereck

1. Bildungsgesetz

Ein statisch bestimmtes, unverschiebliches Fachwerksystem entsteht aus einem Stabdreieck. Jeder neue Knoten wird durch zwei neue Stäbe angeschlossen, wobei diese Stäbe nicht in einer Geraden liegen dürfen.

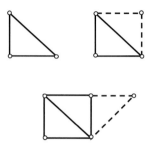

Abb. 8.5 Beispiel für das 1. Bildungsgesetz

2. Bildungsgesetz

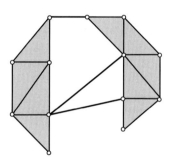

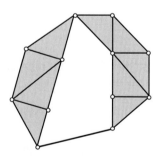

Abb. 8.6 Beispiel für das 2. Bildungsgesetz

Zwei unverschiebliche Fachwerkscheiben können mit drei Stäben zu einem stabilen Gesamttragwerk verbunden werden. Die drei Stäbe dürfen dabei nicht parallel sein und sich nicht in einem Punkt schneiden.

Diese Verbindung der zwei Scheiben kann auch durch ein Gelenk und einen zusätzlichen Stab erreicht werden.

3. Bildungsgesetz

Ein kinematisch und statisch bestimmtes Fachwerk wird durch Herausnehmen eines Stabes und Wiedereinfügen zwischen zwei anderen Knoten in ein gleichfalls bestimmtes Fachwerk verwandelt, sodass diese Stäbe auch wieder eine statisch bestimmte Fachwerkscheibe erzeugen.

Dabei ist zu beachten, dass der neue Stab zwischen jene Knoten eingefügt wird, die sich kinematisch relativ zueinander bewegen können **(Gesetz der Stabvertauschung)**.

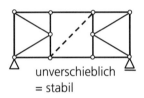
unverschieblich = stabil

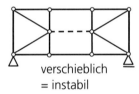
verschieblich = instabil

Abb. 8.7 Stabvertauschung

Eine falsch durchgeführte Stabvertauschung führt zu einem labilen System (Abb. 8.7).

8.3 Statische Bestimmtheit

Zur Beurteilung der statischen Bestimmtheit eines Fachwerksystems muss zwischen innerlicher und äußerlicher statischer Bestimmtheit unterschieden werden.

Äußerlich statisch bestimmt nennt man Tragwerke, bei denen die Auflagerreaktionen aus den Gleichgewichtsbedingungen allein bestimmt werden können.

Auch bei **innerlich statisch bestimmten Fachwerken** reichen die Gleichgewichtsbedingungen aus, um sämtliche Stabkräfte zu berechnen.

Allgemein statisch bestimmt ist somit ein Tragwerk, wenn sowohl die Auflagerreaktionen als auch die Stabkräfte aus den Gleichgewichtsbedingungen ermittelt werden können.

Aufgrund der gelenkigen Ausbildung der Knoten stehen uns für die Berechnung je Knoten zwei Gleichgewichtsbedingungen zur Verfügung, d.h., die Anzahl der Gleichgewichtsbedingungen ist 2k, wobei k die Anzahl der Knoten ist.

Die Unbekannten sind die Auflagerreaktionen und die Anzahl der Stabkräfte (a + s).

Abb. 8.8 zeigt Beispiele für statisch bestimmte Fachwerksysteme.

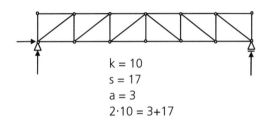
$k = 10$
$s = 17$
$a = 3$
$2 \cdot 10 = 3 + 17$

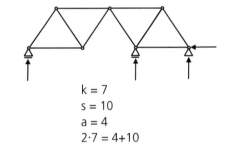
$k = 7$
$s = 10$
$a = 4$
$2 \cdot 7 = 4 + 10$

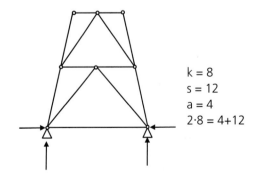
$k = 8$
$s = 12$
$a = 4$
$2 \cdot 8 = 4 + 12$

Abb. 8.8 Statisch bestimmte Fachwerke

Statisch bestimmte ebene Fachwerke

> **Statisch bestimmtes Fachwerk**
>
> $a + s = 2 \cdot k$
>
> a ... Anzahl der Auflagerreaktionen
>
> s ... Anzahl der Stäbe
>
> k ... Anzahl der Knoten

Ein Rautenfachwerk ist entsprechend der Abzählbedingung ein verschiebliches System. Erst durch Einführen eines Stabes wird die statische Bestimmtheit erreicht.

Der zahlenmäßige Nachweis der statischen Bestimmtheit bzw. Unbestimmtheit ist noch kein Beweis für die Unverschieblichkeit eines Tragsystems.

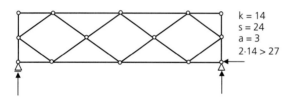

k = 14
s = 24
a = 3
2·14 > 27

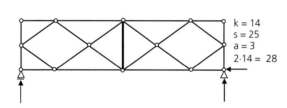

k = 14
s = 25
a = 3
2·14 = 28

Abb. 8.9 Rautenfachwerk

Aufgrund der Abzählbedingung ist das Fachwerk nach Abb. 8.10 innerlich und äußerlich statisch bestimmt.

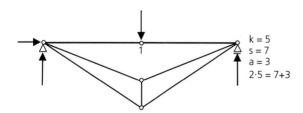

k = 5
s = 7
a = 3
2·5 = 7+3

Abb. 8.10 Verschiebliche Systeme

Eine vertikale Einzelkraft in Punkt 1 würde das Tragsystem aber zum Einsturz bringen, in diesem Fall sprechen wir von einem innerlich verschieblichen System.

8.4 Berechnung der Fachwerke

Die rechnerischen Verfahren bei der Berechnung von Fachwerken dienen dazu, die Stabkräfte eines Systems zu ermitteln. Dabei bedient man sich des Schnittprinzips und setzt an den Schnittstellen die durchgeschnittenen Stäbe als Stabkräfte in positiver Richtung vom Knoten weg orientiert an.

Mithilfe der Gleichgewichtsbedingungen lassen sich die unbekannten Stabkräfte berechnen. Eine Stabkraft die vom Knoten wegweist, repräsentiert eine Zugkraft mit positivem Vorzeichen, eine Stabkraft mit negativem Vorzeichen ist eine Druckkraft und wirkt in Richtung des Knotens.

In Ergänzung dazu wird auch ein grafisches Verfahren zur Ermittlung der Stabkräfte vorgestellt.

8.5 Rundschnittverfahren

Auf Grundlage des Schnittprinzips wird jeder Knoten für sich aus dem Gesamtsystem durch einen Rundschnitt herausgeschnitten.

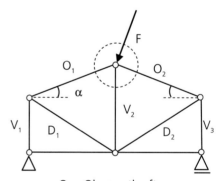

O ... Obergurtkraft
U ... Untergurtkraft

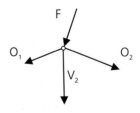

D ... Diagonalkraft
V ... Vertikalkraft

Abb. 8.11 Rundschnittverfahren

An den freigeschnittenen Knoten wirken alle angreifenden Stabkräfte, eventuell vorhandene Auflagerreaktionen und wenn vorhanden die äußeren Knotenlasten.

Für jeden Knoten können die **Gleichgewichtsbedingungen eines zentralen Kraftsystems** angesetzt werden, d.h., für ein ebenes Fachwerksystem stehen je Knoten zwei Gleichgewichtsbedingungen zur Verfügung,

$$\Sigma H = 0 \quad \text{und} \quad \Sigma V = 0.$$

In der Vorgangsweise der einzelnen Rundschnitte ist zu beachten, dass aufgrund der zwei Gleichgewichtsbedingungen je Knoten lediglich zwei unbekannte Stabkräfte vorhanden sein dürfen.

Nachteil des Rundschnittverfahrens ist, dass bei der Berechnung der Stabkräfte eines Knotens auf die Ergebnisse eines vorangegangenen Knotens zurückgegriffen wird. Somit müssen für die Berechnung von Stabkräften im Inneren einer Struktur viele Knoten behandelt werden, um die gewünschten Stabkräfte zu berechnen.

Vorgangsweise Rundschnittverfahren

- Ermittlung der Auflagerreaktionen
- Rundschnitt eines Knotens mit 2 unbekannten Stabkräften
- Gleichgewichtsbedingungen
- Berechnung der 2 Stabkräfte S_i
- mit bereits bekannten Stabkräften weitere Rundschnitte führen und berechnen der Stabkräfte S_i

---

Beispiel 1: Dachträger

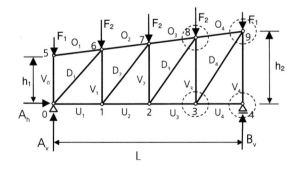

Abb. 8.12 Trapezförmiger Fachwerkträger

Gegeben:

$h_1 = 1,2$ m $\quad h_2 = 1,8$ m $\quad L = 4 \cdot 1,2 = 4,8$ m

$F_1 = 7,6$ kN $\quad F_2 = 15,2$ kN

Gesucht:

Obergurtkraft O_3, Untergurtkraft U_3, Diagonalkraft D_4.

Die Berechnung ist mit dem Rundschnittverfahren durchzuführen.

Auflagerreaktionen

Aufgrund der symmetrischen Belastung sind die vertikalen Auflagerkräfte gleich groß. Da keine horizontale Belastung einwirkt, gibt es keine horizontale Auflagerreaktion.

$$A_v = B_v = 30,4 \text{ kN}$$

$$A_h = 0$$

Stabkräfte

Um die geforderten Stabkräfte berechnen zu können, müssen die Rundschnitte in den Knoten 3, 4, 8 und 9 untersucht werden.

Rundschnitt im Knoten 4:

$$\Sigma H = 0 : U_4 = 0$$

$$\Sigma V = 0 : B_v + V_4 = 0 \quad V_4 = -B_v$$

$$\Rightarrow \quad V_4 = -30,4 \text{ kN}$$

Die Untergurtkraft U_4 ist ein Nullstab. Der Stab V_4 steht im Gleichgewicht mit der vertikalen Auflagerkraft B_v, in ihm ist eine Druckkraft wirksam.

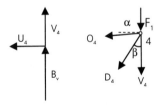

Abb. 8.13 Rundschnitt Knoten 4 und 9

Rundschnitt im Knoten 9:

Im Rundschnitt des Knoten 9 sind nur mehr 2 unbekannte Stabkräfte (O_4 und D_4).

$$\tan \alpha = \frac{(1,8 - 1,2)}{4,8} \qquad \tan \beta = \frac{1,2}{1,8}$$

Statisch bestimmte ebene Fachwerke

$\alpha = 7{,}125°$ $\beta = 33{,}69°$

$\Sigma H = 0 : O_4 \cdot \cos\alpha + D_4 \cdot \sin\beta = 0$

$\Sigma V = 0 : F_1 + V_4 + D_4 \cdot \cos\beta + O_4 \cdot \sin\alpha = 0$

$$O_4 = \frac{-(F_1 + V_4)}{\sin\alpha - \dfrac{\cos\alpha}{\tan\beta}}$$

$\Rightarrow \quad O_4 = -16{,}71\,\text{kN}$

$$D_4 = -\frac{O_4 \cdot \cos\alpha}{\sin\beta}$$

$\Rightarrow \quad D_4 = +29{,}89\,\text{kN}$

Rundschnitt im Knoten 3:

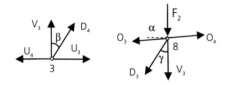

Abb. 8.14 Rundschnitt Knoten 3 und 8

$\Sigma H = 0 : U_3 - U_4 + D_4 \cdot \sin\beta = 0$

$\Sigma V = 0 : V_3 + D_4 \cdot \cos\beta = 0$

$V_3 = -D_4 \cdot \cos\beta$

$\Rightarrow \quad V_3 = -24{,}87\,\text{kN}$

$U_3 = U_4 - D_4 \cdot \sin\beta$

$\Rightarrow \quad U_3 = +16{,}58\,\text{kN}$

Rundschnitt im Knoten 8:

$\tan\gamma = \dfrac{1{,}2}{1{,}65}$ $\gamma = 36{,}03°$

$\Sigma H = 0 : O_4 \cdot \cos\alpha - O_3 \cdot \cos\alpha - D_3 \cdot \sin\gamma = 0$

$\Sigma V = 0 : F_2 + V_3 + D_3 \cdot \cos\gamma + (O_3 - O_4) \cdot \sin\alpha = 0$

$$O_3 = O_4 - \frac{(F_2 + V_3) \cdot \sin\gamma}{\sin\alpha \cdot \sin\gamma - \cos\alpha \cdot \cos\gamma}$$

$\Rightarrow \quad O_3 = -24{,}51\,\text{kN}$

Zusammenfassend stellen wir fest, dass die Obergurtstäbe auf Druck, die Untergurtstäbe auf Zug beansprucht werden.

8.6 Ritterschnitt-Verfahren

Dieses Verfahren geht zurück auf Wilhelm Ritter (von 1847 bis 1906, Professor für Ingenieurwissenschaften in Zürich und Riga). Grundlage der Berechnung ist wiederum das **Schnittprinzip**. Das Tragwerk wird so in zwei Teile geteilt, dass maximal **3 unbekannte Stäbe** durchgeschnitten werden.

Für einen abgeschnittenen Teil stehen nun **3 Gleichgewichtsbedingungen** nach den Regeln des allgemeinen ebenen Tragsystems zur Verfügung.

Im folgenden Beispiel soll die Vorgangsweise zur Bestimmung der Stabkräfte O_2, U_1 und D_1 gezeigt werden (Abb. 8.15).

Zuerst müssen für das Gesamtsystem die Auflagerreaktionen A_v, B_h und B_v berechnet werden. Dann wählen wir den Schnitt s – s, der die zu berechnenden Stabkräfte durchtrennt, und betrachten das abgeschnittene System.

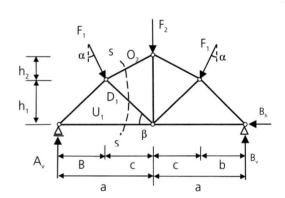

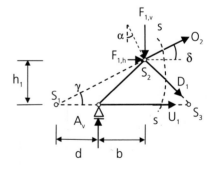

Abb. 8.15 Ritterschnitt

Durch geschickte Wahl eines Drehpunktes zur Erfüllung des Momentengleichgewichtes kann direkt eine unbekannte Stabkraft aus $\Sigma M = 0$ berechnet werden.

Wir wählen den Punkt S_1 als Momentenbezugspunkt, da die Wirkungslinien der unbekannten Stabkräfte U_1 und O_2 durch ihn hindurchgehen. Aus dieser Gleichgewichtsbeziehung kann die Diagonalkraft D_1 direkt bestimmt werden.

$$\Sigma M_{S_1} = 0 : A_v \cdot d - F_{1,h} \cdot h_1 - F_{1,v} \cdot (d+b) - $$
$$ - D_1 \cdot (\sin\beta \cdot (d+b) + \cos\beta \cdot h_1) = 0$$

$$\Rightarrow \quad D_1 = \frac{A_v \cdot d - F_{1,h} \cdot h_1 - F_{1,v} \cdot (d+b)}{\sin\beta \cdot (d+b) + \cos\beta \cdot h_1}$$

Anstelle der Lastanteile in vertikaler und horizontaler Richtung mit den dazugehörigen Abständen können die Momentenanteile auch mit den schrägen Kräften und den Normalabständen zum Bezugspunkt ermittelt werden.

Zur Berechnung der Untergurtkraft U_1 wählen wir den Bezugspunkt S_2.

$$\Sigma M_{S_2} = 0 : A_v \cdot b - U_1 \cdot h_1 = 0$$

$$\Rightarrow \quad U_1 = \frac{A_v \cdot b}{h_1}$$

In gleicher Weise ist der Bezugspunkt S_3 für die Berechnung von O_2 empfehlenswert.

$$\Sigma M_{S_3} = 0 : A_v \cdot b + F_{1,h} \cdot h_1 - F_{1,v} \cdot c +$$
$$ + O_2 \cdot (\sin\delta \cdot c + \cos\delta \cdot h_1) = 0$$

$$\Rightarrow \quad O_2 = -\frac{A_v \cdot b + F_{1,h} \cdot h_1 - F_{1,v} \cdot c}{\sin\delta \cdot c + \cos\delta \cdot h_1}$$

Zur Berechnung der Kräfte in den Diagonalstäben sind oft die Gleichgewichtsbedingungen für die Kräfte in vertikaler und horizontaler Richtung zielführend ($\Sigma V = 0$ und $\Sigma H = 0$).

Eine Kombination der beiden hier vorgestellten Berechnungsverfahren – Rundschnitt- und Ritterschnittverfahren – ist durchaus sinnvoll und soll am folgenden Zahlenbeispiel demonstriert werden.

Beispiel 2: Dachbinder

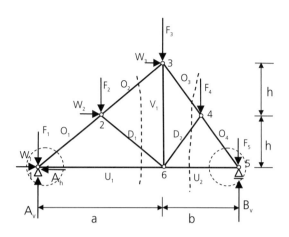

Abb. 8.16 Dachbinder

Gegeben:

$a = 5{,}0$ m $\quad b = 3{,}0$ m $\quad L = a + b = 8{,}0$ m

$h = 2{,}0$ m $\quad H = 2h = 4{,}0$ m

Knotenkräfte:

$F_1 = F_2 = F_4 = F_5 = 18$ kN $\quad F_3 = 36$ kN

$W_1 = 8$ kN $\quad W_2 = 16$ kN $\quad W_3 = 8$ kN

Gesucht:

Auflagerreaktionen und alle Stabkräfte.

Auflagerreaktionen

$A_h = 8 + 16 + 8$

$A_v = \dfrac{18 \cdot (8{,}0 + 5{,}5 + 1{,}5) + 36 \cdot 3 - 16 \cdot 2 - 8 \cdot 4}{8{,}0}$

$B_v = \dfrac{18 \cdot (2{,}5 + 6{,}5 + 8{,}0) + 36 \cdot 5{,}0 + 16 \cdot 2{,}0 + 8 \cdot 4{,}0}{8{,}0}$

$A_h = 32$ kN

$A_v = 39{,}25$ kN

$B_v = 68{,}75$ kN

Stabkräfte

Die Gurtkräfte O_1 und U_1 erhält man aus dem Rundschnitt im Knoten 1.

$$\tan\alpha = \frac{4}{5} \qquad \alpha = 38{,}66°$$

Statisch bestimmte ebene Fachwerke

$$O_1 = \frac{F_1 - A_v}{\sin \alpha}$$

$$U_1 = A_h - O_1 \cdot \cos\alpha - W_1$$

$$\Rightarrow \quad O_1 = -34{,}0 \text{ kN}$$

$$U_1 = +50{,}55 \text{ kN}$$

Analog erhält man aus dem Rundschnitt im Knoten 5 die Gurtkräfte O_4 und U_2.

$$\tan\beta = \frac{4{,}0}{3{,}0} \qquad \beta = 53{,}13°$$

$$O_4 = \frac{F_5 - B_v}{\sin\beta} \qquad U_2 = -O_4 \cdot \cos\beta$$

$$\Rightarrow \quad O_4 = -63{,}44 \text{ kN}$$

$$U_2 = +38{,}06 \text{ kN}$$

Die Diagonalkräfte – D_1 und D_2 – und die Gurtkräfte – O_2 und O_3 – berechnen wir mithilfe der entsprechenden Ritterschnitte. Für O_2 wird der Knoten 6 als Bezugspunkt des Momentengleichgewichtes gewählt.

$$O_2 = -\frac{(A_v - F_1) \cdot 5{,}0 - F_2 \cdot 2{,}5 + W_2 \cdot 2{,}0}{4{,}0 \cdot \cos\alpha}$$

D_1 wird aus der Gleichgewichtsbedingung der horizontalen Kräfte $\Sigma H = 0$ berechnet.

$$D_1 = -\frac{W_1 - A_h + W_2 + O_2 \cdot \cos\alpha + U_1}{\cos\alpha}$$

$$O_3 = -\frac{(B_v - F_5) \cdot 3{,}0 - F_4 \cdot 1{,}5}{4{,}0 \cdot \cos\beta}$$

$$D_2 = \frac{-O_3 \cdot \cos\beta - U_2}{\cos\beta}$$

Die Vertikalkraft ermitteln wir über den Knotenschnitt im Punkt 3 mit

$$V_1 = -F_3 - O_2 \cdot \sin\alpha - O_3 \cdot \sin\beta .$$

Zusammenstellung der Ergebnisse

Stabkraft	[kN]
O_1	–34,0
O_2	–29,8
O_3	–52,2
O_4	–63,4

Stabkraft	[kN]
U_1	+50,5
U_2	+38,1
D_1	–24,6
D_2	–11,2
V_1	+24,4

Der Dachbinder verformt sich ähnlich einem Biegeträger, daraus resultierend können wir erkennen, dass die Untergurtstäbe auf Zug und die Obergurtstäbe auf Druck beansprucht werden.

Bei den Ausfachungsstäben treten sowohl Zug- als auch Druckkräfte auf.

8.7 Parallelgurtige Fachwerke

Nach den bisher gezeigten Verfahren lassen sich die Stabkräfte für jedes statisch bestimmte Fachwerk berechnen. In der Praxis kommen sehr häufig parallelgurtige Fachwerksysteme mit vorwiegend lotrechter Belastung vor.

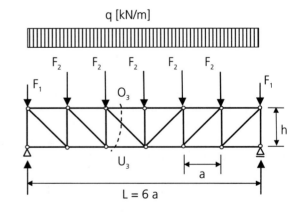

Abb. 8.17 Parallelgurtiges Fachwerk

Betrachten wir das Beispiel gemäß Abb. 8.17, so müssen wir als erstes die Gleichlastbeanspruchung in gleichwertige Knoteneinzelkräfte zu

$$F_1 = \frac{q}{a/2} \quad \text{und} \quad F_2 = \frac{q}{a}$$

umrechnen.

Zur Berechnung von O_3 und U_3 wählen wir einen Ritterschnitt und lösen die Gleichgewichtsbedingungen.

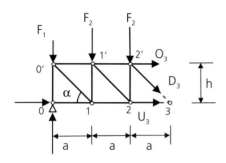

Abb. 8.18 Ritterschnitt

Die Stabkraft U_3 erhalten wir über das Momentengleichgewicht um den Knoten 2', die Stabkraft O_3 über das Momentengleichgewicht um den Knoten 3. Aus dem Gleichgewicht der vertikalen Kräfte ergibt sich die Diagonalkraft D_3.

$$U_3 = \frac{1}{h}(A_v \cdot 2a - F_1 \cdot 2a - F_2 \cdot a)$$

$$O_3 = -\frac{1}{h}(A_v \cdot 3a - F_1 \cdot 3a - F_2 \cdot 2a - F_2 \cdot a)$$

$$D_3 = \frac{1}{\sin\alpha}(A_v - F_1 - 2F_2)$$

Zum Vergleich betrachten wir die Schnittgrößen eines Biegebalkens.

Schreiben wir die Biegemomente für Punkt 2 und Punkt 3 mit

$$M_2 = A_v \cdot 2a - F_1 \cdot 2a - F_2 \cdot a,$$

$$M_3 = A_v \cdot 3a - F_1 \cdot 3a - F_2 \cdot 2a - F_2 \cdot a$$

an, können wir feststellen, dass zwischen den Biegemomenten des Ersatzbalkens und den Gurtkräften ein Zusammenhang besteht:

$$U_3 = \frac{M_2}{h} \quad \text{und} \quad O_3 = -\frac{M_3}{h}.$$

Zur Berechnung von D_3 schreiben wir den Querkraftwert $V_{1\text{-}2}$ des Ersatzträgers an,

$$V_{1-2} = A_v - F_1 - F_2,$$

und formen zur Berechnung der Diagonalkraft entsprechend um:

$$D_3 = \frac{V_{1-2}}{\sin\alpha}.$$

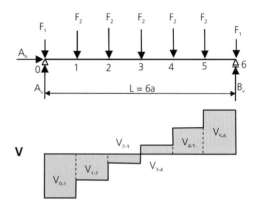

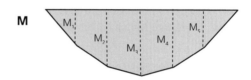

Abb. 8.19 Ersatzbiegeträger

Die Diagonalkraft D_3 ist für die angegebene Belastung eine Zugkraft, da der Stab zum Auflager hin ansteigt.

Wäre die Orientierung des Stabes zum Auflager hin fallend, dann wäre er auf Druck beansprucht mit einem negativen Rechenwert der Stabkraft.

8.8 Cremonaplan

Der Cremonaplan ist ein grafisches Verfahren zur Ermittlung der Stabkräfte. Die Bezeichnung geht auf den italienischen Mathematiker und Statiker Antonio Luigi Gaudenzio Giuseppe Cremona (1830 bis 1903) zurück.

Beim Rundschnittverfahren haben wir festgestellt, dass jeder der k Fachwerkknoten für sich ein zentrales Kraftsystem bildet. Für alle an einem Knoten angreifenden Lasten und Stabkräfte muss sich daher ein **geschlossenes Krafteck** zeichnen lassen. Die k Kraftecke lassen sich zu einem Kräfteplan, dem sogenannten Cremo-

Statisch bestimmte ebene Fachwerke

naplan, vereinigen, wenn nachstehende Vorgangsweise beachtet wird.

Das Fachwerk wird maßstäblich gezeichnet. Alle Knoten und Stäbe werden bezeichnet.

Lasten und Reaktionskräfte (Auflagerkräfte) werden an Knoten des Fachwerks außen wirkend eingetragen. Bei belasteten Innenknoten ist in der Wirkungslinie der Last ein gedachter Hilfsstab von diesem Knoten zum Umfang hin einzufügen und die Last an den so gefundenen neuen Außenknoten zu verschieben.

Die Reihenfolge, in der die Kräfte beim Zeichnen der Kraftecke aufeinander folgen, wird durch Annahme eines Umfahrungssinnes (z.B. im Uhrzeigersinn) festgelegt. Das Krafteck für die äußeren Kräfte wird gezeichnet.

Um einen Knoten mit nicht mehr als zwei unbekannten Stabkräften wird ein Rundschnitt geführt. Man benützt das Krafteck der äußeren Kräfte und beginnt mit jener Kraft, die bei Einhaltung des Umfahrungssinnes auf die unbekannten Stabkräfte folgt und schließt das Knotenkrafteck mit diesen Stabkräften. Die sich ergebende Kraftrichtung wird am System mit Pfeilen eingetragen oder der Stab mit einem Plus (+) für eine Zugkraft bzw. mit einem Minus (–) für eine Druckkraft gekennzeichnet.

Der Dachbinder von Beispiel 2 wird übernommen und die schrittweise Erstellung des Cremonaplans gezeigt, indem zum besseren Verständnis die Kraftecke der einzelnen Knoten getrennt dargestellt und zusammenfassend zum Cremonaplan vereinigt werden.

Wir beginnen mit dem maßstäblichen Auftragen der Auflagerreaktionen, wobei die Reihenfolge im Uhrzeigersinn festgelegt wird.

Nun folgt schrittweise die grafische Darstellung der Kraftecke einzelner Knotenpunkte beginnend mit Knoten 1. Aufgrund der Gleichgewichtsbedingung, dass das Krafteck geschlossen sein muss, ergibt sich die Wirksamkeit der Stabkräfte mit Zug oder Druck.

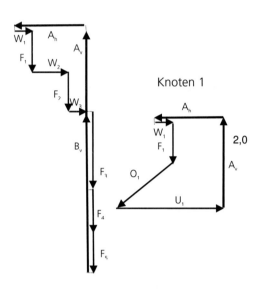

Abb. 8.20 Kraftecke global und Knoten 1

Das Krafteck im Knoten 2 ergibt die Obergurtkraft O_1 und die Diagonalkraft D_1, im Knoten 3 folgt die Obergurtkraft O_3 und die Vertikalkraft V_1.

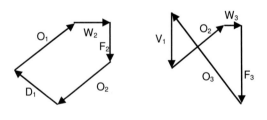

Abb. 8.21 Kraftecke Knoten 2 und Knoten 3

Abb. 8.20 Dachbinder

Statisch bestimmte ebene Fachwerke

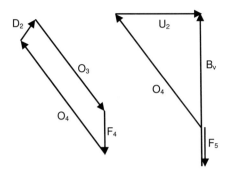

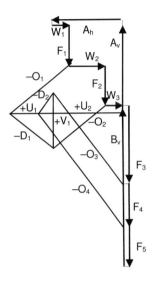

Abb. 8.22 Kraftecke Knoten 4 und Knoten 5

Die Ausarbeitung für Knoten 4 und 5 vervollständigen die Stabkraftermittlung. Knoten 6 ist lediglich zu Kontrollzwecken erforderlich.

Fügt man nun alle einzeln gezeichneten Kraftecke in einem Kraftplan zusammen, erhält man den Cremonaplan. Anstelle der Pfeile werden in der Stabbezeichnung Vorzeichen ergänzt, die kennzeichnen, ob eine Zug- oder eine Druckkraft im Stab wirkt.

Die Vorzeichen bei den Stabbezeichnungen geben an, ob der Stab auf Zug oder Druck beansprucht wird.

Abb. 8.23 Cremonaplan Dachbinder

Beispiel 3: Satteldachbinder

Gegeben:

Die Abmessungen des Tragsystems sind in Abb. 8.24 eingetragen.

Im **Lastfall 1** wirken vertikale Knotenkräfte.

$F_1 = F_9 = 15$ kN $\qquad F_2 = F_3 = F_4 = F_5 = F_6 = F_7 = F_8 = 20$ kN

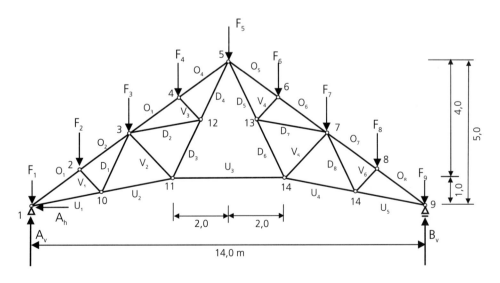

Abb. 8.24 Dachbinder mit vertikaler Belastung – LF 1

Statisch bestimmte ebene Fachwerke

Im **Lastfall 2** sind Windkräfte wirksam.

$W_1 = W_5 = 1{,}5$ kN $W_2 = W_3 = W_4 = 3{,}0$ kN $W_{5'} = W_9 = 1{,}8$ kN $W_6 = W_7 = W_8 = 3{,}6$ kN

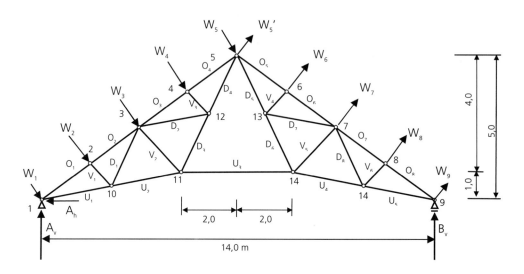

Abb. 8.25 Dachbinder mit Windbelastung – LF 2

Gesucht:

Cremonaplan.

Auflagerreaktionen – Lastfall 1

Die Auflagerreaktionen werden rechnerisch ermittelt. Die Symmetrie des Systems und der Belastung werden ausgenutzt.

$A_h = 0$

$A_v = F_1 + F_2 + F_3 + F_4 + \dfrac{F_5}{2} = B_v$

$A_v = B_v = 85$ kN

Stabkräfte – Lastfall 1

Aufgrund der symmetrischen Belastung von Lastfall 1 reicht die Stabkraftermittlung für das halbe System aus.

Als erstes wird das Krafteck für das Gesamtsystem mit der Belastung und den Auflagerreaktionen gezeichnet, wobei die Kräfte dem Uhrzeigersinn folgend aufgetragen werden. Weiters folgt schrittweise das Eintragen der Kraftecke der einzelnen Knotenrundschnitte.

Auflagerreaktionen – Lastfall 2

Für Lastfall 2 muss für die Stabkraftermittlung das gesamte System berücksichtigt werden.

$A_h = \sum W_i \cdot \sin\alpha$

$A_h = 15{,}3$ kN

Neigung des Obergurtes: $\tan\alpha = \dfrac{5}{7}$ $\alpha = 35{,}54°$

Die vertikalen Auflagerkräfte erhält man über die Momentengleichgewichte.

$A_v = 1{,}65$ kN

$B_v = -3{,}60$ kN

Statisch bestimmte ebene Fachwerke

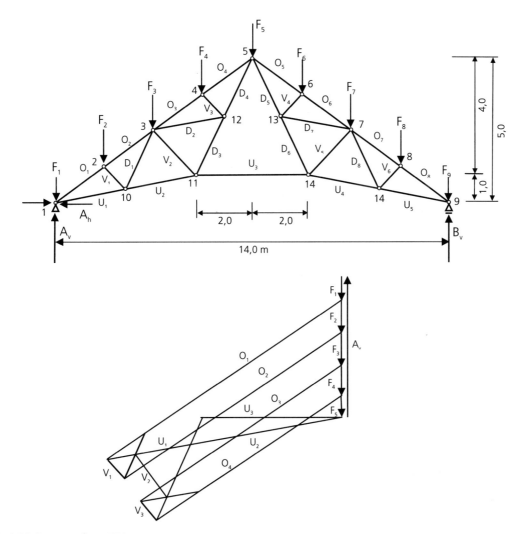

Abb. 8.26 Cremonaplan – LF 1

In der folgenden Tabelle werden die Stabkräfte in [kN] für Lastfall 1 und Lastfall 2 zusammengestellt.

Stab	O_1	O_2	O_3	O_4	O_5	O_6	O_7	O_8	U_1
LF 1	−167,3	−152,9	−138,6	−124,3	−124,3	−138,6	−152,9	−167,3	138,8
LF 2	−7,9	−7,5	−6,9	−6,5	+2,8	+3,4	+4,0	+4,6	+21,4
Stab	U_2	U_3	U_4	U_5	D_1	D_2	D_3	D_4	D_5
LF 1	+119,0	+70,0	+119,0	+138,8	+17,4	+19,8	+52,2	+69,6	+69,6
LF 2	+17,7	+9,2	+1,62	−2,8	+3,2	+3,6	+8,7	+11,9	−9,3
Stab	D_6	D_7	D_8	V_1	V_2	V_3	V_4	V_5	V_6
LF 1	+52,2	+19,8	+17,4	−16,5	−33,0	−16,5	−16,5	−33,0	−16,5
LF 2	−5,4	−4,4	−3,8	−3,0	−6,0	−3,0	+3,6	+7,3	+3,6

Statisch bestimmte ebene Fachwerke

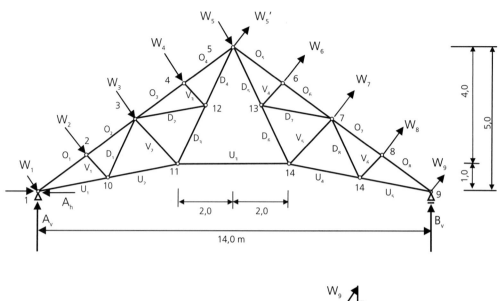

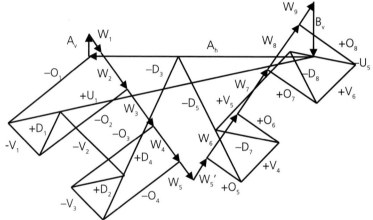

Abb. 8.27 Cremonaplan – LF 2

8.9 Aufgaben zu Kapitel 8

In den folgenden Beispielen sind die Auflagerreaktionen und Stabkräfte zu berechnen. Obergurtstäbe werden mit O, Untergurtstäbe mit U, Vertikalstäbe mit V und Diagonalstäbe mit D bezeichnet.

Aufgabe 1: K-Fachwerkträger

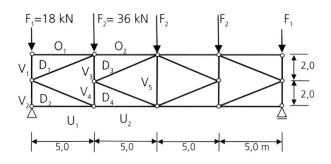

Die gekennzeichneten Stäbe sind mit dem Rundschnittverfahren zu berechnen.

Aufgabe 2: Kranträger

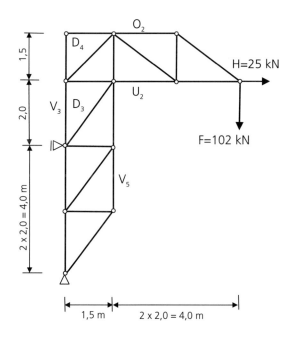

Die Auflagerreaktionen und die gekennzeichneten Stäbe sind zu berechnen (Ritterschnittverfahren).

Aufgabe 3: Dachbinder

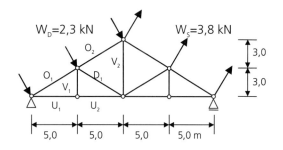

Die Auflagerreaktionen und die gekennzeichneten Stäbe sind zu berechnen.

Aufgabe 4: Brückenträger

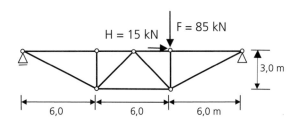

Alle Stabkräfte des Brückenträgers sind zu berechnen. Als Kontrolle ist ein Cremonaplan zu zeichnen.

Aufgabe 5: Strebenfachwerk

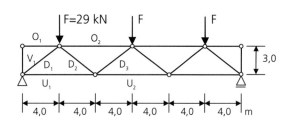

Die Auflagerreaktionen und die gekennzeichneten Stäbe sind zu berechnen.

Statisch bestimmte ebene Fachwerke

Aufgabe 6: Hallenträger mit Auskragung

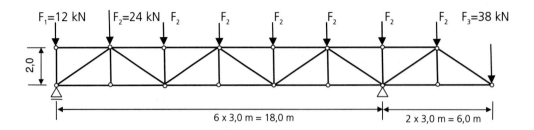

Berechnen Sie die Auflagerkräfte, die maximal beanspruchten Kräfte für den Ober- bzw. Untergurt und den Diagonal- und Vertikalstab. Der Berechnung sollen die Schnittgrößen eines Biegebalkens zugrundegelegt werden.

9 Räumliche Tragsysteme

9.1 Allgemeines

Die bisher behandelten Tragsysteme wurden als ebene Tragsysteme idealisiert. Dies bedeutet, dass auch die Belastung in jener Ebene wirksam ist, in der das idealisierte Tragsystem liegt. Weiters wurde vorausgesetzt, dass angreifende Kräfte durch den Schwerpunkt bzw. durch den Schubmittelpunkt hindurchgehen. Im Innern der Tragsysteme wurden die drei Schnittgrößen ebener Tragsysteme – Normalkraft (N), Querkraft (V) und Biegemoment (M) – ermittelt.

Entsprechen Tragsystem und Belastung nicht diesen Festlegungen, müssen die Regeln für räumliche Tragsysteme angewendet werden. In diesem Kapitel werden nur Tragsysteme behandelt, bei denen das Tragsystem in einer Ebene liegt, jedoch Belastungen auch außerhalb dieser Ebene wirken.

9.2 Auflagerreaktionen und Schnittgrößen

Bei der Ermittlung der Auflagerreaktionen und Schnittgrößen müssen bei statisch bestimmt gelagerten räumlichen Tragsystemen sechs Gleichgewichtsbedingungen erfüllt werden. Dies sind drei Kräftegleichgewichts- und drei Momentengleichgewichtsbedingungen.

> **Gleichgewichtsbedingungen räumlicher Tragsysteme**
> $\Sigma X = 0 \quad \Sigma Y = 0 \quad \Sigma Z = 0$
> $\Sigma M_x = 0 \quad \Sigma M_y = 0 \quad \Sigma M_z = 0$

Ein Tragsystem ist äußerlich statisch bestimmt, wenn mit diesen 6 Gleichgewichtsbedingungen die Auflagerreaktionen ermittelt werden können.

Schnittgrößen eines räumlichen Tragwerkes setzen sich aus drei Kräften und drei Momenten zusammen. Sie orientieren sich an einem lokalen Koordinatensystem, wobei die x-Achse mit der Systemlinie bzw. Stabachse des Tragsystems zusammenfällt.

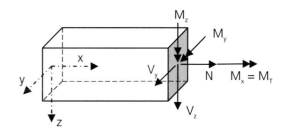

Abb. 9.1 Schnittgrößen – positives Schnittufer

Entsprechend der Lage eines Trägers sind dies:

Normalkraft N

(wirkt in Richtung der x-Achse)

Querkraft V_y

(wirkt in Richtung der y-Achse)

Querkraft V_z

(wirkt in Richtung der z-Achse)

Biegemoment M_y

(dreht um die positive y-Achse)

Biegemoment M_z

(dreht um die positive z-Achse)

Torsionsmoment $M_x = M_T$

(dreht um die x-Achse)

Die positiv definierten Schnittgrößen sind in Abb. 9.1 am linken und somit am positiven Schnittufer eingetragen. Am rechten Schnittufer drehen sich entsprechend der Gleichgewichtsbetrachtung die Wirkungsrichtungen um.

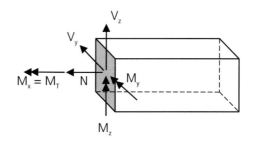

Abb. 9.2 Schnittgrößen – negatives Schnittufer

Räumliche Tragsysteme

Die Normalkraft resultiert aus einer Beanspruchung in Richtung der Stabachse. Ein Biegemoment M_y ist die Reaktion auf eine Beanspruchung in z-Richtung und in gleicher Weise gehört zu einer Beanspruchung in y-Richtung ein Biegemoment M_z. Wobei in beiden Fällen die Belastungsebene durch die Schwerpunkts- bzw. Schubmittelpunktsebene hindurchgeht. Die Definition und Ermittlung des Schubmittelpunktes erfolgt in Band Statik 2 – Festigkeitslehre.

Anders verhält es sich beim Torsionsmoment M_x, das auch oft mit M_T bezeichnet wird. Die Belastungsebene liegt außerhalb, und somit versucht ein Torsionsmoment einen Querschnitt um seine Stabachse zu verdrehen. Ein Moment ist dann positiv, wenn es in Blickrichtung des Doppelpfeils im Uhrzeigersinn dreht.

Betrachten wir einen Kragträger mit einer Einzelkraft am Kragarmende, wobei wir die Auswirkungen untersuchen, wenn die Belastung aus dem Schwerpunkt wandert.

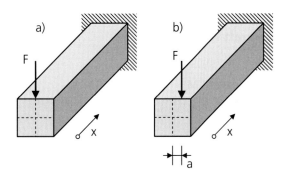

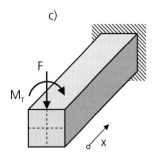

Abb. 9.3 Kragträger mit Einzelkraft

In **Fall a)** greift die Querkraft in der Schwerlinie an und verursacht folgende Schnittgrößen längs der Trägerlänge:

Normalkraft	$N = 0$
Querkraft	$V = F =$ konstant
Biegemoment	$M = -F \cdot x$
Torsionsmoment	$M_T = 0$

In **Fall b)** greift die Kraft F im Abstand von a zum Schwerpunkt an, daraus resultiert ein Torsionsmoment, das am Kragarmende des Trägers eingeleitet und konstant bis zur Einspannung weitergeleitet wird, um in der Einspannung aufgenommen zu werden. Folgende Schnittgrößen wirken:

Normalkraft	$N = 0$
Querkraft	$V = F =$ konstant
Biegemoment	$M = -F \cdot x$
Torsionsmoment	$M_T = F \cdot a =$ konstant

D.h., gegenüber Fall a) wirken zusätzlich Torsionsmomente. Die Darstellung in Fall c) ist in ihrer Wirkung auf den Träger gleich dem Fall b). Die Kraft F wird in die Schwerpunktsebene verschoben, so muss zusätzlich ein Moment – das Torsionsmoment – angesetzt werden.

Beispiel 1: Abgewinkelter Kragträger

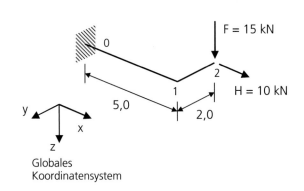

Globales Koordinatensystem

Abb. 9.4 Abgewinkelter Kragträger

Gegeben:

Abgewinkelter Kragträger

Einzelkraft in vertikaler und horizontaler Richtung

$F = 15$ kN $\quad$ $H = 10$ kN

Gesucht:

Auflagerreaktionen und Schnittgrößen.

Räumliche Tragsysteme

Schnittgrößen

Mit der Ermittlung der Schnittgrößen wird am Kragarmende – dem Lastangriffspunkt 2 – begonnen. Auf das lokale Koordinatensystem mit $\bar{x}$, $\bar{y}$ und $\bar{z}$ ist zu achten.

Stab 1–2:

Die Schnittgrößen sind in Abb. 9.5 am rechten Schnittufer eingetragen.

$\sum \bar{X} = 0:$ $N = 0$

$\sum \bar{Y} = 0:$ $V_y = H$

$\sum \bar{Z} = 0:$ $V_z = F$

$\sum M_x = 0:$ $M_x = 0$

$\sum M_y = 0:$ $M_y(2) = 0$

$\qquad\qquad M_y(1) = -15 \cdot 2 = -30$ kNm

$\sum M_z = 0:$ $M_z(2) = 0$

$\qquad\qquad M_z(1) = +10 \cdot 2 = 20$ kNm

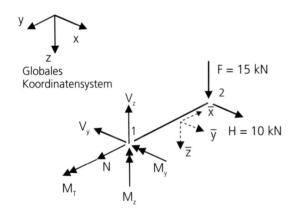

Abb. 9.5 Stab 1–2

Dieser Bereich des Tragsystems verhält sich wie ein Kragträger auf zweiachsige Biegung.

Stab 0–1:

Für diesen Tragwerksteil fällt das globale Koordinatensystem mit dem lokalen zusammen.

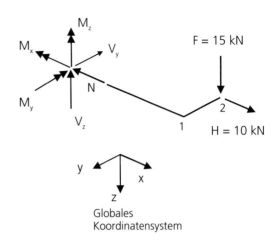

Abb. 9.6 Stab 0–1

Schnittgrößen im Punkt 1:

Der gedankliche Schnitt wird in der Ecke 1, aber im Stabteil 0–1 geführt.

$\sum X = 0:$ $N = H = 10$ kN

$\sum Y = 0:$ $V_y = 0$

$\sum Z = 0:$ $V_z = F$

$\sum M_x = 0:$ $M_x = -F \cdot 2 = -15 \cdot 2 = -30$ kNm

$\sum M_y = 0:$ $M_y = 0$

$\sum M_z = 0:$ $M_z = +10 \cdot 2 = 20$ kNm

Der Unterschied zu den Schnittgrößenwerten im Punkt 1 für den Bereich 1–2 ist, dass die Querkraft V_y des abgewinkelten Teiles in die Normalkraft N übergeht. Die Querkraft V_z und das Biegemoment M_z wird um das Eck geführt. Das Biegemoment M_y wird zum Torsionsmoment M_x. Abb. 9.6 verdeutlicht den Übergang der Schnittgrößen im Eck.

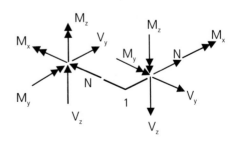

Abb. 9.7 Knoten 1

Räumliche Tragsysteme

Die Schnittgrößen in Punkt 0 sind:

$\sum X = 0:$ $\quad N = H = 10$ kN

$\sum Y = 0:$ $\quad V_y = 0$

$\sum Z = 0:$ $\quad V_z = F$

$\sum M_x = 0:$ $\quad M_x = -F \cdot 2 = -15 \cdot 2 = -30$ kNm

$\sum M_y = 0:$ $\quad M_y = -F \cdot 5 = -15 \cdot 5 = -75$ kN

$\sum M_z = 0:$ $\quad M_z = +10 \cdot 2 = 20$ kNm

D.h., es ändert sich lediglich M_y gegenüber den Ergebnissen in Punkt 1 des betrachteten Bereiches.

Die Schnittgrößen im Punkt 0 sind zugleich die Auflagerreaktionen in der Einspannung des Kragträgers.

Zustandslinien

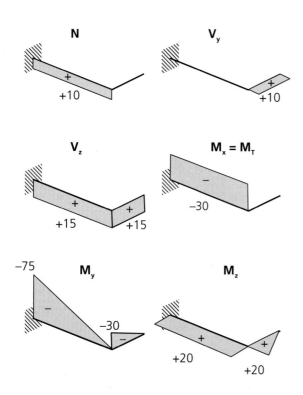

Abb. 9.8 Zustandslinien

Ein weiteres Beispiel zeigt eine praktische Anwendung bei einem Überkopfwegweiser.

Beispiel 2: Überkopfwegweiser

Gegeben:

Geometrie eines Überkopfwegweisers nach Abb. 9.9.

Belastung

Eigenlast Schild: $\quad g_s = 1{,}1$ kN/m

Eigenlast Konstruktion: $\quad g_K = 1{,}4$ kN/m

Winddruck im Bereich des Verkehrsschildes:

$$w_s = 4{,}8 \text{ kN/m}$$

Winddruck auf Mast und Riegel:

$$w_K = 0{,}7 \text{ kN/m}$$

Gesucht:

Auflagerreaktionen und Schnittgrößen.

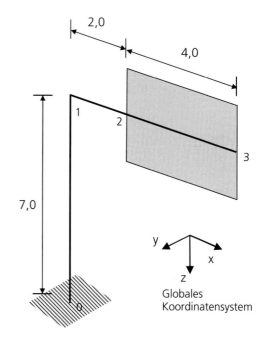

Abb. 9.9 Überkopfwegweiser

Schnittgrößen

Beginnend am Kragarmende werden die einzelnen Teilbereiche behandelt.

Als Index der Schnittgrößen wird zwischen R für den Riegel und S für den Stiel unterschieden. In Klammern wird der betrachtete Punkt angegeben.

Räumliche Tragsysteme

Stab 2–3 (Riegel):

Das lokale Koordinatensystem fällt mit dem globalen zusammen. Die Schnittgrößen werden in Punkt 2 und Punkt 3 angegeben ohne die Gleichgewichtsbedingungen im Detail anzuschreiben.

$N_R(2) = 0$

$V_{y,R}(2) = w_S \cdot 4 = 19{,}2 \text{ kN}$

$V_{z,R}(2) = (g_S + g_K) \cdot 4 = 10{,}0 \text{ kN}$

$M_{x,R}(2) = 0$

$M_{y,R}(2) = -(g_S + g_K) \cdot \dfrac{4^2}{2} = -20{,}0 \text{ kNm}$

$M_{z,R}(2) = w_S \cdot \dfrac{4^2}{2} = 38{,}4 \text{ kNm}$

$N_R(3) = 0$

$V_{y,R}(3) = 0$

$V_{z,R}(3) = 0$

$M_{x,R}(3) = 0$

$M_{y,R}(3) = 0$

$M_{z,R}(3) = 0$

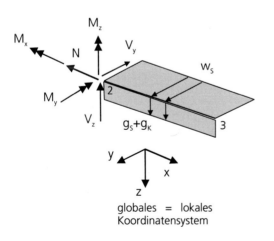

Abb. 9.10 Stab 2–3

Stab 1–2 (Riegel):

$N_R(1) = 0$

$V_{y,R}(1) = w_S \cdot 4 + w_K \cdot 2 = 20{,}6 \text{ kN}$

$V_{z,R}(1) = (g_S \cdot 4 + g_K \cdot 6) = 12{,}8 \text{ kN}$

$M_{x,R}(1) = 0$

$M_{y,R}(1) = -\left(g_S \cdot 4 \cdot 4 + g_K \cdot \dfrac{6^2}{2}\right) = -42{,}8 \text{ kNm}$

$M_{z,R}(1) = w_S \cdot 4 \cdot 4 + w_K \cdot \dfrac{2^2}{2} = 78{,}2 \text{ kNm}$

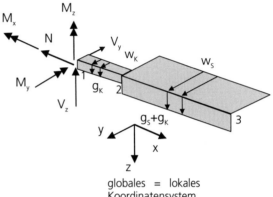

Abb. 9.11 Stab 1–3

Die Schnittgrößen für Punkt 2 wurden bereits im vorigen Abschnitt berechnet, also werden sie hier nur für Punkt 1 angegeben.

Der Riegel wird aufgrund der horizontalen und vertikalen Belastung auf zweiachsige Biegung beansprucht. Das Torsionsmoment ist im Riegel null.

Stab 0–1 (Stiel):

Nun erfolgt der Übergang vom Riegel zum Stiel. Die Richtung der lokalen Koordinatenachsen ändert sich.

Betrachten wir das Rahmeneck, können wir folgende Zusammenhänge der Schnittgrößen aufgrund der Gleichgewichtsbedingungen feststellen:

$N_R = V_{z,S}$

$V_{y,R} = V_{y,S}$

$V_{z,R} = -N_S$

$M_{x,R} = M_{z,S}$

Räumliche Tragsysteme

$$M_{y,R} = M_{y,S}$$
$$M_{z,R} = -M_{x,S}$$

$$M_{z,S}(0) = (w_S \cdot 4 + w_K \cdot 2) \cdot 7{,}0 + w_k \cdot \frac{7^2}{2} = 161{,}4 \text{ kNm}$$

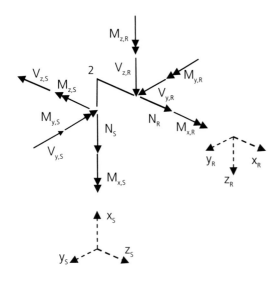

Abb. 9.12 Rahmeneck – Punkt 2

Aus den Zusammenhängen folgen die Schnittgrößenwerte für Punkt 1 im Stiel.

$$N_S(1) = -12{,}8 \text{ kN}$$
$$V_{y,S}(1) = 20{,}6 \text{ kN}$$
$$V_{z,S}(1) = 0$$
$$M_{x,S}(1) = -78{,}2 \text{ kNm}$$
$$M_{y,S}(1) = -42{,}8 \text{ kNm}$$
$$M_{z,S}(1) = 0$$

Entlang des Stieles ist das Eigengewicht des Stieles mit g_K und der Wind auf den Stiel mit w_K zu berücksichtigen. Es wird von den Schnittgrößen im Punkt 2 für den Stiel ausgegangen und die Fortleitung zur Einspannstelle ergänzt.

$$N_S(0) = -12{,}8 - g_K \cdot 7 = -22{,}6 \text{ kN}$$
$$V_{y,S}(0) = 20{,}6 + w_k \cdot 7 = 25{,}5 \text{ kN}$$
$$V_{z,S}(0) = 0$$
$$M_{x,S}(0) = -78{,}2 \text{ kNm}$$
$$M_{y,S}(0) = -42{,}8 \text{ kNm}$$

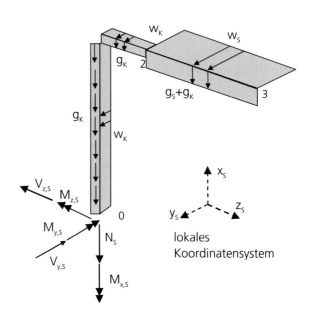

Abb. 9.13 Rahmen mit Schnitt im Punkt 0

Auflagerreaktionen

Die Schnittgrößen an der Stelle 0 müssen von den Auflagerreaktionen aufgenommen werden, d.h., die Werte werden direkt übernommen, wobei zu beachten ist, dass sich die Indizes auf das globale Koordinatensystem beziehen.

In der folgenden Abbildung sind die positiven Richtungen der Auflagerkräfte und -momente festgelegt.

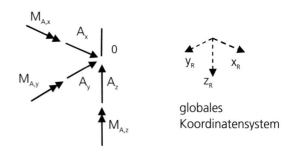

Abb. 9.14 Auflagerreaktionen

Räumliche Tragsysteme

$A_x = 0$

$A_y = 25{,}5$ kN

$A_z = 22{,}6$ kN

$M_{A,x} = 161{,}4$ kNm

$M_{A,y} = -42{,}8$ kNm

$M_{A,z} = 78{,}2$ kNm

Die Einspannung muss auch konstruktiv so ausgebildet sein, dass alle Reaktionskräfte und -momente aufgenommen werden können.

Zustandslinien

Aus Gründen der besseren Übersichtlichkeit wird das Tragsystem in seiner Ebene dargestellt und die Zustandslinien dazu aufgetragen.

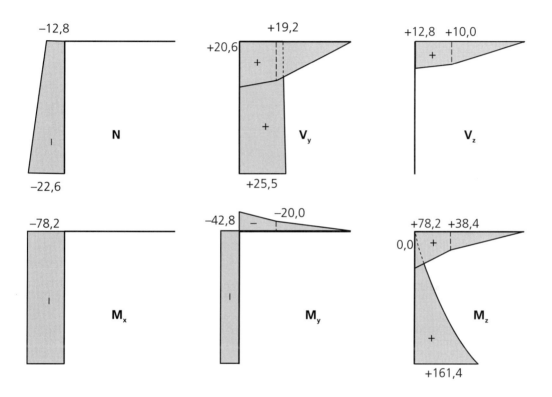

Abb. 9.15 Zustandslinien

In den Normalkraftwerten N im Stiel ist die Resultierende aus den Eigenlasten enthalten.

Die Querkraft V_y resultiert aus der Windbelastung und nimmt vom Kragarmende bis zur Einspannstelle linear zu. Im Rahmeneck wird der Riegelwert um das Eck in den Stiel weitergeleitet.

In der Querkraft V_z ist die resultierende Eigenlast des Riegels und des Verkehrsschildes enthalten. Sie steht in engem Zusammenhang mit der Normalkraft, da im Rahmeneck der Querkraftwert des Riegels mit negativem Vorzeichen in den Normalkraftwert des Riegels übergeht.

Das Torsionsmoment M_x entsteht durch die exzentrische Lasteinleitung der Windbelastung des Riegels bezogen auf die Stabachse des Stieles und ist vom Rahmeneck bis zur Einspannung konstant.

Die Eigenlast des Riegels verursacht Biegemomente M_y im Riegel, die ums Rahmeneck geführt werden und konstant bis zur Einspannung weitergeführt werden.

Im Riegel entsteht das Biegemoment M_z durch die Windbelastung, im Rahmeneck wird im Stiel aus dem Biegemoment das Torsionsmoment M_x. Im Stiel resultieren die Biegemomentenwerte aus der Windbelastung des Riegels und steigen parabelförmig bis zum Lagerungspunkt an.

9.3 Aufgaben zu Kapitel 9

Aufgabe 1: Mehrfach abgewinkelter Kragträger

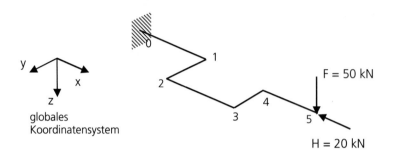

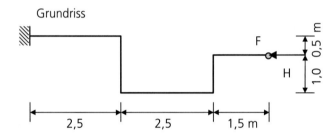

Ermitteln Sie die Auflagerreaktionen und Schnittgrößen zufolge der Einzelkräfte F und H.

10 Lastannahmen

10.1 Allgemeines

Bei den bisherigen Beispielen wurde vorausgesetzt, dass die Belastungen der einzelnen Bauteile bekannt sind. Teil der statischen Berechnung eines Bauteils ist es jedoch, auch die einwirkenden Belastungen zu ermitteln und dabei sorgfältig vorzugehen, damit die Bauteile den tatsächlichen Lastwirkungen mit ausreichender Sicherheit standhalten können.

Im Zuge einer europäischen Vereinheitlichung der Normen für die Konstruktion und Ausführung von Bauwerken wurden die **Eurocodes** eingeführt. Darin werden die **Lastannahmen** mit den dazugehörigen Lastkombinationen, das Sicherheitskonzept für die **Nachweisführungen und Bemessungs- und Konstruktionsregeln** in Abhängigkeit von den Baumaterialien geregelt.

Die folgende Übersicht gibt einen Überblick der Eurocodes.

EN 1990 – Eurocode 0:
Grundlagen der Tragwerksplanung

EN 1991 – Eurocode 1:
Einwirkungen auf Tragwerke

EN 1992 – Eurocode 2:
Bemessung und Konstruktion von Stahlbeton- und Spannbetontragwerken

EN 1993 – Eurocode 3:
Bemessung und Konstruktion von Stahlbauten

EN 1994 – Eurocode 4:
Bemessung und Konstruktion von Verbundtragwerken aus Stahl und Beton

EN 1995 – Eurocode 5:
Bemessung und Konstruktion von Holzbauten

EN 1996 – Eurocode 6:
Bemessung und Konstruktion von Mauerwerksbauten

EN 1997 – Eurocode 7:
Entwurf, Berechnung und Bemessung in der Geotechnik

EN 1998 – Eurocode 8:
Auslegung von Bauwerken gegen Erdbeben

EN 1999 – Eurocode 9:
Entwurf, Berechnung und Bemessung von Aluminiumkonstruktionen

Jeder Eurocode ist zusätzlich noch in einzelne Teile gegliedert.

Das **österreichische Normungsinstitut** veröffentlicht diese europäischen Regelwerke in der offiziellen Fassung als **ÖNORM EN** mit der entsprechenden Nummer, z.B. ÖNORM EN 1991-1-1.

Zusätzlich zu den europäischen Festlegungen wurden auf nationaler Ebene Ergänzungen, nationale Festlegungen und Erläuterungen in den sogenannten **nationalen Anhängen** vorgenommen. Sie werden in Österreich als **ÖNORM B** herausgegeben. Die Nummerierung der Norm wird vom Eurocode übernommen, z.B. ÖNORM B 1991-1-1.

Dies bedeutet, dass bei Anwendung der europäischen Normen auch die dazugehörigen nationalen Festlegungen, Ergänzungen und Erläuterungen berücksichtigt werden müssen.

Für die **Lastannahmen** ist der **Eurocode 0** mit den allgemeinen Festlegungen und der **Eurocode 1** mit der Angabe der Lastwerte für Eigenlasten, Nutzlasten, Wind- und Schneelasten zu verwenden.

Die nach Eurocode geplanten Bauwerke sind bei Gebäuden generell für eine Nutzungsdauer von 50 Jahren und bei Brücken von 100 Jahren ausgelegt.

Bei der Bemessung von Tragwerken ist auf das Sicherheitskonzept für die geforderten Nachweisführungen wie z.B. Tragfähigkeit, Dauerhaftigkeit und Gebrauchstauglichkeit zu achten. Alle in diesem Kapitel angegebenen Lastwerte sind **charakteristische Größen** und entsprechen den sogenannten Gebrauchslasten.

Lastannahmen

10.2 Ständige Einwirkungen

Die Eigenlasten der Baustoffe und Bauteile zählen zu den ständigen, ortsfesten Einwirkungen, sie wirken aufgrund der Erdanziehungskraft immer lotrecht nach unten.

Gemäß ÖNORM EN 1991-1-1 wird die **Wichte γ** eines Stoffes als Gesamtgewicht pro Volumeneinheit einschließlich Mikro- und Makrohohlräumen und Poren definiert.

Zu den ständigen Einwirkungen zählen die Eigenlasten der Baustoffe und Bauteile. Im nationalen Anhang B 1991-1-1 zu Eurocode 1 werden charakteristische Werte für die Wichten von Baustoffen angegeben.

Die folgende Tabelle gibt für häufig vorkommende Baustoffe die Wichte in kN/m³ als Mittelwerte an.

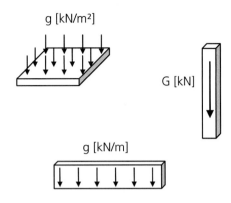

Abb. 10.1 Eigenlasten (Platte, Balken, Stütze)

Material	Wichte [kN/m³]
Normalbeton	24,0
Stahlbeton	25,0
Hartholz	8,0
Weichholz	5,5
Aluminium	27,0
Stahl	78,5

Stahlbetonplatte:

Dicke von 24 cm

$$g = \gamma_{Beton} \cdot h = 25 \text{ kN/m}^3 \cdot 0{,}24 \text{ m}$$

$$g = 6{,}0 \text{ kN/m}^2$$

Balken aus Weichholz:

Querschnitt 20/24 cm

$$g = \gamma_{Holz} \cdot b \cdot h = 5{,}5 \text{ kN/m}^3 \cdot 0{,}20 \text{ m} \cdot 0{,}24 \text{ m}$$

$$g = 0{,}264 \text{ kN/m}$$

Stahlbetonstütze

Kreisquerschnitt d = 30 cm

Stützenlänge L = 4,5 m

$$G = \gamma_{Beton} \cdot \frac{d^2 \cdot \pi}{4} \cdot h = 25 \text{ kN/m}^3 \cdot \frac{0{,}3^2 \cdot \pi}{4} \text{ m}^2 \cdot 4{,}5 \text{ m}$$

$$G = 7{,}95 \text{ kN}$$

Weitere Angaben finden Sie in der zitierten Norm bzw. in den verschiedenen Bautabellenbüchern.

Bei Plattentragwerken ist es üblich, die Eigenlast bezogen auf 1 m² Platte als Flächenlast in [kN/m²] anzugeben. Bei Balken und Wänden ist sie als Linienlast in [kN/m] bezogen auf 1 m Balken- bzw. Wandlänge anzugeben. Bei Stützen wird die Eigenlast als resultierende Einzelkraft in [kN] berechnet.

Die hier dargestellten einfachen Beispiele sollen die Ermittlung der Eigenlasten erläutern.

In ÖNORM B 1991-1-1 werden in Anhang A auch die charakteristischen Flächenbelastungen für häufig vorkommende Dachdeckungen, Decken und Fußbodenaufbauten, Verkleidungen und Wände angegeben.

Will man für einen individuell definierten Deckenaufbau die Eigenlast berechnen, so sind die einzelnen Schichtdicken mit den materialabhängigen Wichten zu multiplizieren.

Für Lagergüter wird die Belastung in kN/m³ bezogen auf einen Kubikmeter des Lagergutes angegeben.

Beispiel 1: Holztramdecke

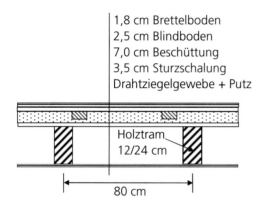

Abb. 10.2 Holztramdecke

Gesucht:

Für den in Abb. 10.2 dargestellten Deckenaufbau ist die ständige Belastung auf einen Holztram zu ermitteln, wobei ein Achsabstand zwischen den Trämen von 80 cm zu berücksichtigen ist.

Die Wichten der einzelnen Materialien entnehmen wir dem Anhang A der ÖNORM B 1991-1-1.

Flächenlast der Decke

Brettelboden

$$0{,}018 \text{ m} \cdot 8{,}0 \text{ kN/m}^3 = 0{,}144 \text{ kN/m}^2$$

Blindboden

$$0{,}025 \text{ m} \cdot 5{,}5 \text{ kN/m}^3 = 0{,}138 \text{ kN/m}^2$$

Beschüttung

$$0{,}07 \text{ m} \cdot 14{,}0 \text{ kN/m}^3 = 0{,}980 \text{ kN/m}^2$$

Sturzschalung

$$0{,}035 \text{ m} \cdot 5{,}5 \text{ kN/m}^3 = 0{,}193 \text{ kN/m}^2$$

Drahtziegelgewebe + Putz

$$0{,}300 \text{ kN/m}^2$$

$$\Rightarrow g = 1{,}755 \text{ kN/m}^2$$

Die Einflussbreite eines Holztrams ist 80 cm, d.h., die Deckenlast als Flächenlast muss mit der Einflussbreite von 0,8 m multipliziert werden, um den Anteil eines Holztrams zu erhalten.

$$g_{Decke} = 0{,}8 \text{ m} \cdot 1{,}755 \text{ kN/m}^2 = 1{,}40 \text{ kN/m}$$

Hinzu kommt noch das Eigengewicht des Trams.

$$g_{Tram} = 0{,}12 \text{ m} \cdot 0{,}24 \text{ m} \cdot 5{,}5 \text{ kN/m}^3 = 0{,}1558 \text{ kN/m}$$

Ständige Einwirkung auf einen Tram

$$g = 1{,}558 \approx 1{,}56 \text{ kN/m}$$

Dieser Lastwert wird auch als Laufmeterlast des Holztrams bezeichnet.

Beispiel 2: Fenstersturz

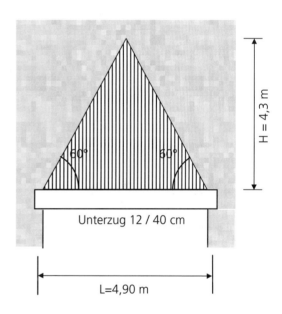

Abb. 10.3 Belastungsdreieck

Ein Unterfangungsträger aus Stahlbeton mit einem Rechteckquerschnitt von 12 cm x 40 cm hat die Last einer 12 cm starken Trennwand zu übernehmen. Da die Deckenkonstruktion parallel zur Wand gespannt ist, muss der Träger lediglich die Eigenlast der Wand und das Eigengewicht des Trägers übernehmen.

Gesucht:

Belastung des Trägers.

Eigenlast der 12 cm starken Mauer einschließlich Putz

$$g_{Mauer} = 2{,}5 \text{ kN/m}^2$$

Lastannahmen

Der Unterfangungsträger wird in idealisierter Form lediglich durch den **dreiecksförmigen Lastanteil** der Mauer beansprucht. Gedanklich stelle man sich die Lastabtragung außerhalb dieses Dreiecks wie bei einem Gewölbe vor, bei dem die Eigenlast der Mauer direkt zu den Auflagern abgeleitet wird. Als statisches System wirkt der Unterzug als Einfeldträger mit einer dreiecksförmig verteilten Belastung vom Mauerwerk.

Lastordinate der Dreieckslast in Trägermitte

$g_1 = 2{,}5 \text{ kN/m}^2 \cdot 4{,}3 \text{ m}$

$g_1 = 10{,}75 \text{ kN/m}$

Hinzu kommt noch das Eigengewicht des Trägers als Gleichlast über die gesamte Trägerlänge.

Eigengewicht Unterzug

$g_2 = 0{,}12 \text{ m} \cdot 0{,}40 \text{ m} \cdot 25 \text{ kN/m}^3$

$g_2 = 1{,}2 \text{ kN/m}$

Zusammenfassend ergibt sich für die statische Berechnung des Unterzugs das in Abb. 10.4 dargestellte Belastungsbild.

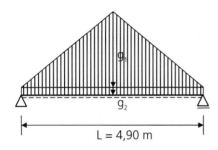

Abb. 10.4 Statisches System und Belastung

10.3 Nutzlasten im Hochbau

Die veränderlichen Einwirkungen im Hochbau werden auch Nutzlasten genannt. Darunter versteht man z.B. die lotrechte Lastwirkung durch die normale Personennutzung, Möbel und bewegliche Einrichtungsgegenstände, Fahrzeuge und Lagergüter. Es sind aber auch horizontale Lasten auf Zwischenwände, Absturzsicherungen und tragende Konstruktionen zu berücksichtigen.

Lotrechte Nutzlasten

Sie werden in der statischen Berechnung grundsätzlich als gleichmäßig verteilte Flächenlasten simuliert. Die Größe der anzusetzenden Belastung ist von der Nutzungsart und dem Bauteil abhängig. Dies wird in ÖNORM B 1991-1-1 durch die Definition der **Nutzungskategorien** von A bis D für Wohnungen, Versammlungsräumen, Geschäfts- und Verwaltungsräumen unterschieden.

A	Wohnflächen
B	Büroflächen
C	Flächen mit Personenansammlungen
D	Verkaufsflächen
E	Lagerflächen
F	Verkehrs- und Parkflächen für leichte Fahrzeuge (≤ 30 kN)
G	Verkehrs- und Parkflächen für mittlere Fahrzeuge (≥ 30 kN, ≤ 160 kN)
H,I,K	Dächer

Dazu gibt es noch weitere Unterklassifizierungen.

Als charakteristische Belastung werden für jede Nutzungskategorie die **Gleichlast q_k** als Flächenlast in [kN/m²] angegeben. Für die Schnittgrößenermittlung der einzelnen Bauteile ist diese Flächenbelastung in ungünstigster Stellung zu berücksichtigen.

Für örtliche Nachweise ist eine **Einzellast Q_k** in [kN] angegeben, sie muss nicht mit der Gleichlast q_k kombiniert werden.

Beispielhaft ist bei Deckenkonstruktionen im Wohnbau mit einer Flächenlast von $q_k = 2{,}0$ kN/m² zu rechnen.

Für Zugangsflächen in Schulen ist mit einem Lastwert von $q_k = 5{,}0$ kN/m² zu rechnen.

Eine ausführliche Angabe der Lastwerte findet man in den angeführten Normen bzw. in den Bautabellen.

Da es zu umfangreich ist, **Zwischenwände** bei der statischen Berechnung von Deckenkonstruktionen zu berücksichtigen, wird dem durch eine Erhöhung der Nutzlast gemäß ÖNORM EN 1991-1-1 in einfacher Form Rechnung getragen:

Trennwandlast ≤ 1,0 kN/m: $q_k = 0{,}5$ kN/m²

Trennwandlast ≤ 2,0 kN/m: $q_k = 0{,}8$ kN/m²

Trennwandlast ≤ 3,0 kN/m: $q_k = 1{,}2$ kN/m²

Bei der Berechnung von Stiegenlaufplatten ist zu beachten, dass die hier angeführten Gleichlastbeanspruchungen auf die Grundrissprojektion der belasteten Fläche bezogen werden.

In der Nutzungskategorie F müssen bei Gabelstaplern die angegebenen Achslasten mit einem dynamischen Beiwert von $\varphi = 1{,}4$ für Luftbereifung bzw. $\varphi = 2{,}0$ für Vollgummiräder multipliziert werden.

Für Deckenkonstruktionen in Parkhäusern ist eine Nutzlast von $q_k = 2{,}5$ kN/m² ohne dynamischen Beiwert in ungünstiger Laststellung anzusetzen.

Die Nutzlasten auf Dächern brauchen in der Schnittgrößenermittlung nicht als Kombination mit den Schnee- und Windlasten berücksichtigt zu werden.

Für die Lastannahmen im Brückenbau ist die ÖNORM EN 1991-2 und B 1991-2 zu verwenden. Darin sind Lastmodelle für Pkw, Lkw und Sonderfahrzeuge definiert.

Horizontale Nutzlasten

Eine horizontale Streckenlast q_k ist auf Zwischenwänden und Absturzsicherungen wie Geländern in einer Höhe von 1,2 m anzusetzen. Der Lastwert liegt in Abhängigkeit von der Nutzungskategorie zwischen $q_k = 0{,}5$ kN/m in Wohngebäuden und $q_k = 3{,}0$ kN/m bei Tribünen.

Die Anfahrstöße von Fahrzeugen sind gesondert in ÖNORM EN 1991-1-7 geregelt.

10.4 Schneelasten

Schnee wirkt aufgrund der Erdanziehungskraft in vertikaler Richtung und bezieht sich in der Berechnung auf die horizontale Projektion der Dachfläche.

Die Lastwirkung bzw. die Lastwerte sind im Eurocode 1 in der **ÖNORM EN 1991-1-3** und den nationalen Festlegungen in **ÖNORM B 1991-1-3** geregelt.

Darin gibt es ein Ortsverzeichnis mit Angabe der charakteristischen Werte der Schneelasten s_k am Boden. Sind für eine bestimmte Seehöhe bzw. einen nicht angegebenen Ort die Schneelasten zu ermitteln, bedient man sich der Österreichkarte in ÖNORM B 1991-1-3, in der das Bundesgebiet in 4 Lastzonen eingeteilt ist. Davon ausgehend kann in Abhängigkeit von der Zone und der Seehöhe die charakteristische Schneelast ermittelt werden.

Auszugsweise werden in der folgenden Tabelle die charakteristischen Schneelastwerte für die Landeshauptstädte angegeben.

Ort	s_k
Wien – Stephansplatz	1,35
St. Pölten	1,45
Eisenstadt	1,10
Graz – Zentrum	1,65
Linz	1,45
Salzburg – Zentrum	1,75
Klagenfurt	2,65
Innsbruck	2,10
Bregenz	2,10

Für die statische Berechnung müssen diese charakteristischen Werte in Abhängigkeit von der Dachform angepasst werden.

Die ÖNORM EN 1991-1-3 gibt allgemein als Schneelastwert

$$s = \mu_i \cdot C_e \cdot C_t \cdot s_k$$

für die ständige und veränderliche Bemessungssituation an. Die Beiwerte C_e – Umgebungskoeffizient – und C_t – Temperaturkoeffizient – dürfen generell nach nationaler Festlegung mit 1 angenommen werden. Somit ist lediglich der Formbeiwert μ_i zu berücksichtigen und es folgt

$$s = \mu_i \cdot s_k .$$

Anhand der beiden folgenden Beispiele wird die Ermittlung der Schneelast für ein Pultdach bzw. für ein Satteldach gezeigt.

Lastannahmen

Beispiel 3: Pultdach

Gegeben:

Pultdach mit einer Neigung von 20° in Innsbruck.

Gesucht:

Schneebelastung auf die Dachfläche.

Formbeiwert μ_i

Der Formbeiwert ist in Abhängigkeit von der Dachneigung zu bestimmen. Für eine Dachneigung von 0° bis 30° ist er gemäß ÖNORM EN 1991-1-3 0,8, bei größerer Dachneigung nimmt er linear bis auf 0 bei 60° ab.

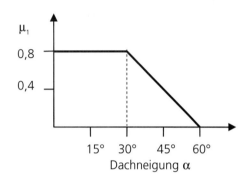

Abb. 10.5 Formbeiwert μ_1 für Pultdächer

Charakteristische Schneelast für Innsbruck

$s_k = 2{,}10$ kN/m²

Schneelast

$s = s_k \cdot 0{,}8 = 2{,}10 \cdot 0{,}8$

$s = 1{,}68$ kN/m²

Diese Flächenlast wird bezogen auf die Grundrissfläche des Daches angesetzt.

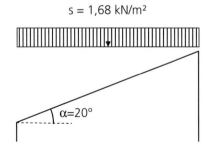

Abb. 10.6 Schneelast auf ein Pultdach

Beispiel 4: Satteldach

Gegeben:

Satteldach mit $\alpha_1 = 15°$ und $\alpha_2 = 36°$.

Standort: Graz – Zentrum

Gesucht:

Normgemäße Lastverteilung der Schneelast.

Entsprechend dem Verlauf des Formbeiwertes μ_1 laut Abb. 10.5 folgt

$\mu_1(\alpha_1 = 15°) = 0{,}8$ und

$\mu_1(\alpha_2 = 36°) = 0{,}8 \cdot (60 - \alpha_2)/30 = 0{,}64$.

Charakteristische Schneelast für Graz

$s_k = 1{,}65$ kN/m²

Schneelast

$s(\alpha_1) = s_k \cdot 0{,}8 = 1{,}65 \cdot 0{,}8 = 1{,}32$ kN/m²

$s(\alpha_2) = s_k \cdot 0{,}64 = 1{,}65 \cdot 0{,}64 = 1{,}06$ kN/m²

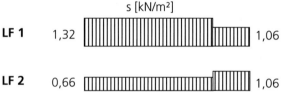

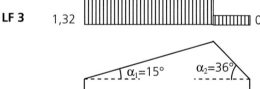

Abb. 10.7 Schneelast – Satteldach

Es sind bei der Schnittgrößenermittlung drei Lastfälle zu unterscheiden, wobei in Lastfall 1 die vollen Lastwerte zu berücksichtigen sind. Lastfall 2 und 3 sehen eine Reduktion auf 50% jeweils auf einer Seite des Daches vor.

Lastfall 1: $s_1 = s(\alpha_1) = 1{,}32$ kN/m²

$s_2 = s(\alpha_2) = 1{,}06$ kN/m²

Lastfall 2: $s_1 = 0{,}5 \cdot s(\alpha_1) = 0{,}66$ kN/m²

$s_2 = s(\alpha_2) = 1{,}06$ kN/m²

Lastfall 3: $s_1 = s(\alpha_1) = 1{,}32$ kN/m²

$s_2 = 0{,}5 \cdot s(\alpha_2) = 0{,}53$ kN/m²

Die daraus resultierenden ungünstigen Schnittgrößen sind für die Dimensionierung maßgebend.

Sind bei Dachformen Schneeverwehungen möglich, wie z.B. bei Sheddächern, so ist dies entsprechend der Norm mit einer Erhöhung des Formbeiwertes μ zu berücksichtigen. Anstelle von μ_1 wird μ_2 eingesetzt, wobei die Größe dieses Beiwertes in Abhängigkeit von der Dachneigung auf bis zu 1,6 ansteigen kann.

Auf die genaue Ermittlung der Schneelastwerte bei Shed- und Tonnendächern sowie Gebäuden mit Höhensprüngen wird im Rahmen dieses Buches nicht eingegangen. Es wird auf die ÖNORM bzw. auf Bautabellen verwiesen.

10.5 Windlasten

In der statischen Berechnung wird die Windbelastung als Flächenlast in [kN/m²] senkrecht auf die getroffenen Flächen angesetzt.

Der Wind verursacht auf der Außenhülle eines Gebäudes eine Druck- oder Sogbelastung, aber auch im Inneren eines Gebäudes ist der Innendruck zu berücksichtigen.

Grundsätzlich hängt die Windbelastung von

- der Lage des Gebäudes,
- der Gebäudehöhe,
- der Grundrissform des Gebäudes und
- der Dachneigung

ab.

Die Windlasten sind im Eurocode 1 der **ÖNORM EN 1991-1-4** und den nationalen Festlegungen in **ÖNORM B 1991-1-4** geregelt. Die beiden zitierten Normen gelten für Bauwerke bis zu einer Höhe von 200 m und Brücken bis zu 200 m Spannweite. In Sonderfällen sind dynamische Windwirkungen zu berücksichtigen.

Ausgangsbasis für die Berechnung ist der Grundwert der Basiswindgeschwindigkeit $v_{b,0}$ und der dazugehörige Basisgeschwindigkeitsdruck $q_{b,0}$, die dem Ortsverzeichnis im Anhang A der ÖNORM B 1991-1-4 entnommen werden können.

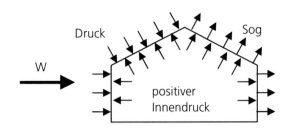

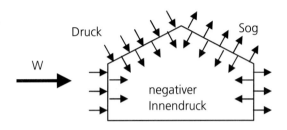

Abb. 10.8 Windbelastung auf ein Gebäude

Die folgende Tabelle gibt die Grundwerte für die Landeshauptstädte an.

Stadt	$v_{b,0}$ [m/s]	$q_{b,0}$ [kN/m²]
Wien – Innere Stadt	25,1	0,39
Bregenz	25,5	0,41
Eisenstadt	24,6	0,38
Graz	20,4	0,26
Innsbruck	27,1	0,46
Klagenfurt	17,6	0,19
Linz	27,4	0,47
Salzburg	25,1	0,39
St. Pölten	25,8	0,42

Diese Grundwerte werden in Österreich mit der Basiswindgeschwindigkeit

$v_b = v_{b,0}$

bzw. mit dem Basisgeschwindigkeitsdruck

$q_b = q_{b,0}$

gleichgesetzt.

Lastannahmen

Der charakteristische Böengeschwindigkeitsdruck $q_p(z)$ berücksichtigt die Bauwerkshöhe und die Geländekategorie. In Österreich sind dies die Kategorien II für Gebiete mit niedriger Vegetation und geringer Verbauung bis Kategorie IV im dicht verbauten Stadtgebiet.

$$q_p(z) = c_e(z) \cdot q_b$$

Der Geländefaktor $c_e(z)$ berücksichtigt die zuvor genannten Einflüsse. In ÖNORM EN 1991-1-4 kann aus Bild 4.2 dieser Faktor in Abhängigkeit der Gebäudehöhe und der Geländekategorie abgelesen werden und liegt in der Größe zwischen 1 und 4.

Zur Berechnung der tatsächlichen Windbelastung muss der aerodynamische Beiwert c_p als Differenz des Außendruckbeiwertes mit dem Innendruckbeiwert ermittelt werden.

$$c_p = c_{pe} - c_{pi}$$

Die Norm gibt Außendruckbeiwerte für die Lasteinflussfläche von 1 m² mit $c_{pe,1}$ zur Bemessung kleiner Bauteile und Verankerungen und 10 m² mit $c_{pe,10}$ für die Bemessung des gesamten Bauwerks an. Weiters müssen je nach Bauteil – Wand und Dach – in Abhängigkeit der beanspruchten Fläche die Beiwerte den Tabellen entnommenn werden.

Bei der Berechnung der Innendruckbeiwerte wird zwischen offenen und geschlossenen Gebäuden unterschieden. Bei nicht genauer Bestimmung des Anteils der Öffnungen darf der Innendruckbeiwert als

Druck mit $c_{pi} = +0{,}2$

und als

Sog mit $c_{pi} = -0{,}3$

angesetzt werden.

Zusätzlich ist in der ÖNORM EN 1991-1-4 die Berechnung der Windbelastung für freistehende Wände und Dächer, Tafeln, Fahnen, Fachwerke, zylindrische und kugelförmige Bauteile geregelt.

Für die genaue Berechnung und Ermittlung der erforderlichen Kennwerte von Bauteilen und Bauwerken wird auf die zitierte Norm verwiesen.

Das folgende Beispiel soll die Ermittlung der mittleren charakteristischen Windbelastung einer Halle zeigen, die erforderlichen Beiwerte werden der ÖNORM EN 1991-1-4 und ÖNORM B 1991-1-4 entnommen.

Beispiel 5: Windbelastung einer Halle

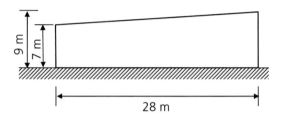

Abb. 10.9 Hallenquerschnitt

Gegeben:

Standort: Linz

Hallenlänge: 60 m

Hallenbreite: 28 m

Hallenhöhe: 9 m

Dachform: Pultdach (Neigung 4,1°)

Geländekategorie: III

Gesucht:

Die Gesamtwindbelastung auf das Gebäude und die Windbelastung der Wände und des Daches für den Wind in Querrichtung ist zu ermitteln.

Basiswindgeschwindigkeit:

$$v_{b,0} = 27{,}4 \text{ m/s}$$

Basiswindgeschwindigkeitsdruck:

$$q_{b,0} = 0{,}47 \text{ kN/m}^2$$

Bezugshöhe:

$$h < b \Rightarrow z_e = h = 9 \text{ m}$$

Geländefaktor (Bild 4.2, ÖNORM EN 1991-1-4):

$$c_e(z_e) = 1{,}6$$

Böengeschwindigkeitsdruck:

$$q_p(z_e) = 1{,}6 \cdot 0{,}47 = 0{,}75 \text{ kN/m}^2$$

Gesamtwindkraft – Wind in Querrichtung

Gesamtlastbeiwert:

Für $\dfrac{h}{b} = \dfrac{9}{60} = 0{,}15$ und $\dfrac{d}{b} = \dfrac{28}{60} = 0{,}47$ folgt

$$c_f = 1{,}11$$

Strukturbeiwert: $h < 15\,m$

$$c_s c_d = 1{,}0$$

Gesamtwindkraft:

$$F_{W,quer} = c_s c_d \cdot q_p(z) \cdot A$$

$$F_{W,quer} = 1{,}0 \cdot 1{,}11 \cdot 0{,}75 \cdot 60 \cdot 9 = 449{,}5\,kN$$

Windbelastung Wände – Wind in Querrichtung

Außendruckbeiwerte:

Für $\dfrac{h}{b} = \dfrac{9}{60} = 0{,}15$ und $\dfrac{d}{b} = \dfrac{28}{60} = 0{,}47$ folgt

Fläche D – Luvwand:

$$c_{pe,10} = +0{,}80$$

Fläche E – Leewand:

$$c_{pe,10} = -0{,}30$$

Die Wandflächen werden in die Bereiche A bis E aufgeteilt. Luv- und Leewand werden nicht in Abschnitte unterteilt.

Fläche A – windparallele Seite:

$$c_{pe,10} = -1{,}00$$

Fläche B – windparallele Seite:

$$c_{pe,10} = -0{,}70$$

Fläche C – windparallele Seite:

$$c_{pe,10} = -0{,}40$$

Bei der Querwand werden normgemäß drei Abschnitte unterschieden (Abb. 10.10).

Bezugslänge: $e = 2h = 18\,m$

Breite Fläche A: $b_A = \dfrac{e}{5} = 3{,}6\,m$

Breite Fläche B: $b_B = \dfrac{4 \cdot e}{5} = 14{,}4\,m$

Breite Fläche C: $b_C = d - e = 10{,}0\,m$

Innendruckbeiwerte:

Da keine genaue Angabe über den Anteil der offenen Flächen bekannt ist, darf mit folgenden Innendruckbeiwerten gerechnet werden:

Druck: $c_{pi} = +0{,}20$

Sog: $c_{pi} = -0{,}30$

Die ungünstige Überlagerung der Innendruck- und Außendruckbeiwerte liefert die rechnerischen Extremwerte der Windbelastung in [kN/m²].

$$w = w_e + w_i$$

Entsprechend der nationalen Festlegung wird die örtliche Windbelastung (≤ 1 m²) durch Multiplikation des jeweiligen Außendruckbeiwertes mit 1,25 berechnet.

Windbelastung Wände – Wind in Querrichtung w [kN/m²]		
Wandfläche	Regelbereich ≥ 10 m²	Verankerung ≤ 1 m²
D	+0,83	+0,98
E	−0,38	−0,43
A	−0,90	−1,09
B	−0,68	−0,81
C	−0,45	−0,53

Lastannahmen

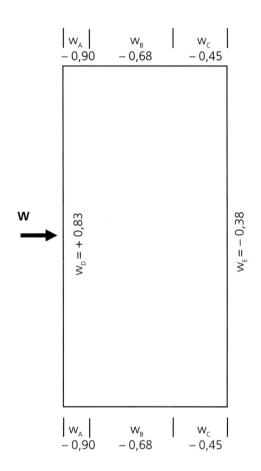

Abb. 10.10 Windbelastung Wände – Regelbereich

Windbelastung Dach – Wind in Querrichtung

Durch die geringe Dachneigung von 4,1° kann das Pultdach als Flachdach behandelt werden. Die Bezugshöhe entspricht der Bauwerkshöhe. Die Dachfläche wird normgemäß in verschiedene Bereiche unterteilt.

In Abhängigkeit des Dachrandes können die Außendruckbeiwerte einer Tabelle der ÖNORM EN 1991-1-4 entnommen werden.

In diesem Beispiel wird für das Pultdach ein abgerundeter Traufenbereich mit r/h = 0,05 angenommen.

Dachfläche F: $c_{pe,10} = -1,00$

Dachfläche G: $c_{pe,10} = -1,20$

Dachfläche H: $c_{pe,10} = -0,40$

Dachfläche I: $c_{pe,10} = \pm 0,20$

Gemäß ÖNORM EN 1991-1-4 gelten für Verankerungen folgende Außendruckbeiwerte:

Dachfläche F: $c_{pe,1} = -1,50$

Dachfläche G: $c_{pe,1} = -1,80$

Dachfläche H: $c_{pe,1} = -0,40$

Dachfläche I: $c_{pe,1} = \pm 0,20$

Innendruckbeiwerte:

Druck: $c_{pi} = +0,20$

Sog: $c_{pi} = -0,30$

Windbelastung Dach – Wind in Querrichtung w [kN/m²]		
Dachfläche	Regelbereich ≥ 10 m²	Verankerung ≤ 1 m²
F	–0,90	–1,28
G	–1,05	–1,50
H	–0,45	–0,45

Die Dachfläche I ist nur bei einer Anströmung in Hallenlängsrichtung zu berücksichtigen.

Der Randbereich der Dachflächen F und G hat eine Breite von

$$b_F = b_G = \frac{e}{10} = 1,8 \text{ m}.$$

Dachfläche F repräsentiert den Eckbereich mit einer Länge von

$$l_F = \frac{e}{4} = 4,5 \text{ m}.$$

Die Dachfläche muss einer Sogbelastung standhalten.

Zur Vervollständigung der Lastannahmen muss auch der Wind in Richtung der Gebäudelängsrichtung untersucht werden.

Dieses hier gezeigte Beispiel soll nur einen Hinweis auf die grundsätzliche Vorgangsweise bei der Windlastermittlung geben. Jedoch ist es bei statischen Untersuchungen unerlässlich, die ÖNORM EN 1991-1-4 und die ÖNORM B 1991-1-4 zu verwenden.

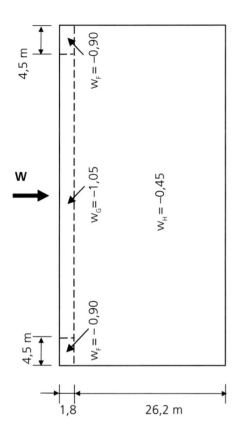

Abb. 10.11 Windbelastung Dach – Regellast

10.6 Wasserlast

Der Wasserdruck wirkt senkrecht auf die wasserseitige Oberfläche. Die Lastwerte nehmen mit der Höhe des Wasserstandes linear zu. Man spricht vom sogenannten **hydrostatischen Wasserdruck**.

Die Wichte des Wassers γ_w wird mit der Höhe des Wasserstandes multipliziert.

Wichte des Wassers: $\gamma_W = 10$ kN/m³

Wasserdruck: $w = \gamma_w \cdot h$

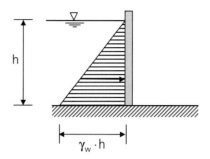

Abb. 10.12 Wasserdruck auf eine Wand

Beispiel 6: Stahlspundwand

Gegeben:

Eine Stahlspundwand wird auf beiden Seiten auf Wasserdruck beansprucht, wobei der Wasserstand der beiden Seiten unterschiedlich ist.

Wasserstand Oberwasser: $h_1 = 6{,}0$ m

Wasserstand Unterwasser: $h_2 = 3{,}0$ m

Gesucht:

Die resultierende Beanspruchung der Wasserlast auf einen 1 m breiten Wandstreifen ist zu ermitteln.

Für jede Seite wird der **Wasserdruck** mit der dreiecksförmigen Verteilung ermittelt.

Oberwasser: $w_1 = \gamma_W \cdot h_1 = 60$ kN/m²

Unterwasser: $w_2 = \gamma_W \cdot h_2 = 30$ kN/m²

Resultierende Kräfte

Oberwasser: $W_1 = w_1 \cdot h_1 / 2 = 180$ kN

Unterwasser: $W_2 = w_2 \cdot h_2 / 2 = 45$ kN

Gesamtresultierende

$$W = W_1 - W_2$$

$$\Rightarrow W = 135 \text{ kN}$$

Lage der Resultierenden

$$h_R = \frac{W_1 \cdot h_1 \cdot \tfrac{2}{3} - W_2 \cdot (h_1 - h_2 \cdot \tfrac{1}{3})}{W_1 + W_2}$$

$$\Rightarrow h_R = 3{,}67 \text{ m}$$

Lastannahmen

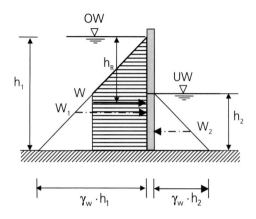

Abb. 10.13 Spundwand mit Wasserdruck

Wirkt auf einen Baukörper Wasser von außen ein, so muss der **Auftrieb** berücksichtigt werden. Dies kann vor allem bei Bauwerken, die auf Böden mit hohem Grundwasserspiegel gegründet werden, eine wesentliche Rolle spielen, da durch entsprechende Maßnahmen sichergestellt werden muss, dass das Bauwerk nicht aufschwimmt (z.B. ausreichendes Gewicht des Baukörpers).

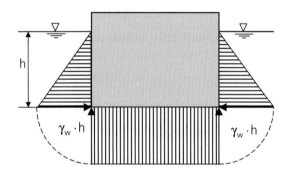

Abb. 10.14 Auftrieb

Der horizontal wirkende Wasserdruck in der Gründungstiefe h ist mit

$$w_h = \gamma_w \cdot h$$

gleich groß wie der vertikale Wasserdruck auf die Aufstandsfläche des Bauwerkes

$$w_a = \gamma_w \cdot h$$

und wirkt auf die gesamte Fläche.

10.7 Sonstige Lastwirkungen

Erddruck

Der horizontale Erddruck ist bei allen Bauteilen, die eine Berührungsfläche zum Boden bilden, wie z.B. Kellerwände und Stützmauern, anzusetzen. Er wirkt in ähnlicher Weise wie der Wasserdruck und nimmt mit der Tiefe von der Geländeoberkante aus gemessen nach unten linear zu. Sämtliche Bodenschichten beeinflussen die Größe des Erddrucks.

In vertikaler Richtung wirkt je nach Gegebenheit die Erdauflast mit ihrem Eigengewicht.

Aufgrund der unterschiedlichen Einflussfaktoren bei der Ermittlung des Erddruckes wird auf eine beispielhafte Darstellung der Lastermittlung in diesem Buch verzichtet und auf die entsprechende Fachliteratur im Bereich Bodenmechanik und Grundbau und auf den Eurocode 7 mit ÖNORM EN 1997-1 und ÖNORM B 1997-1 verwiesen.

Erdbeben

Aufgrund der Bewegungen des Baugrundes infolge von Erdbeben werden die Bauwerke und Bauteile dynamisch beansprucht. Diese Lastwirkung ist als außergewöhnliche Beanspruchung in der statischen Berechnung zu berücksichtigen. In Österreich ist die Erdbebengefährdung mäßig. Sie ist aber über das Bundesgebiet hinweg sehr unterschiedlich einzustufen.

Leichte Erdbeben sollen sämtliche Bauteile unbeschadet überstehen. Dabei spielt für die Bauwerksreaktion die konstruktive Ausbildung eine sehr wesentliche Rolle.

Zur Nachweisführung und Berücksichtigung der Regeln zur konstruktiven Ausführung wird auf die ÖNORM EN 1998-1 und die ÖNORM B 1998-1 verwiesen.

Normen

In die folgende Auflistung werden nur jene Normen aufgenommen, die in den einzelnen Kapiteln dieses Buches behandelt bzw. erwähnt wurden. Eine vollständige Liste der aktuellen nationalen und internationalen Normen findet sich auf der Homepage des österreichischen Normungsinstitutes (www.as-institute.at, www.eurocode.at).

ÖNORM EN 1990	Eurocode – Grundlagen der Tragwerksplanung, Ausgabe: 2003-03-01
ÖNORM B 1990–1	Eurocode – Grundlagen der Tragwerksplanung – Teil 1: Hochbau – Nationale Festlegungen zu ÖNORM EN 1990 Anhang A1: 2003, Ausgabe: 2004-05-01
ÖNORM EN 1991-1-1	Eurocode 1 – Einwirkungen auf Tragwerke – Teil 1-1: Allgemeine Einwirkungen – Wichten, Eigengewicht und Nutzlasten im Hochbau, Ausgabe: 2003-03-01
ÖNORM B 1991-1-1	Eurocode 1 – Einwirkungen auf Tragwerke – Teil 1-1: Allgemeine Einwirkungen – Wichten, Eigengewicht und Nutzlasten im Hochbau – Nationale Festlegungen zu ÖNORM EN 1991-1-1 und nationale Ergänzungen, Ausgabe: 2006-01-01
ÖNORM EN 1991-1-3	Eurocode 1 – Einwirkungen auf Tragwerke – Teil 1-3: Allgemeine Einwirkungen – Schneelasten, Ausgabe: 2005-08-01
ÖNORM B 1991-1-3	Eurocode 1 – Einwirkungen auf Tragwerke – Teil 1-3: Allgemeine Einwirkungen – Schneelasten – Nationale Festlegungen zu ÖNORM EN 1991-1-3, nationale Erläuterungen und nationale Ergänzungen, Ausgabe: 2006-04-01
ÖNORM EN 1991-1-4	Eurocode 1 – Einwirkungen auf Tragwerke – Teil 1-4: Allgemeine Einwirkungen – Windlasten, Ausgabe: 2005-11-01
ÖNORM B 1991-1-4	Eurocode 1 – Einwirkungen auf Tragwerke – Teil 1-4: Allgemeine Einwirkungen – Windlasten – Nationale Festlegungen zu ÖNORM EN 1991-1-4, nationale Erläuterungen und nationale Ergänzungen, Ausgabe: 2006-04-01
ÖNORM EN 1997-1	Eurocode 7 – Entwurf, Berechnung und Bemessung in der Geotechnik – Teil 1: Allgemeine Regeln, Ausgabe: 2009-05-15
ÖNORM B 1997-1	Eurocode 7 – Entwurf, Berechnung und Bemessung in der Geotechnik – Teil 1: Allgemeine Regeln – Nationale Festlegungen zu ÖNORM EN 1997-1 und nationale Ergänzungen, Ausgabe: 2009-03-01
ÖNORM EN 1998-1	Eurocode 8 – Auslegung von Bauwerken gegen Erdbeben – Teil 1: Grundlagen, Erdbebeneinwirkungen und Regeln für Hochbauten, Ausgabe: 2005-06-01
ÖNORM B 1998-1	Eurocode 8 – Auslegung von Bauwerken gegen Erdbeben – Teil 1: Grundlagen, Erdbebeneinwirkungen und Regeln für Hochbauten – Nationale Festlegungen zu ÖNORM EN 1998-1 und nationale Ergänzungen, Ausgabe: 2006-07-01

Literatur

Bochmann, Fritz/Kirsch, Werner: Statik im Bauwesen, Band 1: Statisch bestimmte Systeme, Verlag Bauwesen, Berlin 2001.

Erven, Joachim/Schwägerl, Dietrich: Mathematik für Ingenieure, Verlag Oldenbourg, München 2002.

Kofler, Michaela/Fritsch, Reinhold/Möslinger, Gerhard: Statik 2 – Festigkeitslehre, Manz Verlag Schulbuch, Wien 2008.

Kofler, Michaela/Fritsch, Reinhold/Möslinger, Gerhard: Statik 3, Manz Verlag Schulbuch, Wien 2009.

Heller, Hanfried: Padia 1 Grundlagen Tragwerkslehre, Verlag Ernst & Sohn, Berlin 1998.

Krapfenbauer, Thomas: Bautabellen, Verlag Jugend & Volk, Wien 2010.

Wietek, Bernhard: Grundbau, Einführung in Theorie und Praxis, Manz Verlag Schulbuch, Wien 2002.

Lösungen zu den Aufgaben

Lösungen zu Kapitel 2

Aufgabe 1: Ebenes Kraftsystem

$R = 7{,}32$ kN $\quad \alpha_R = 96{,}5°$

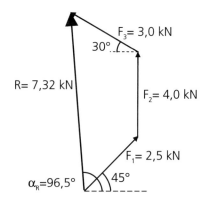

Aufgabe 2: Haltebock

$S_1 = -20{,}69$ kN (Druckkraft)

$S_2 = +9{,}19$ kN (Zugkraft)

Aufgabe 3: Karren

$S_1 = 903{,}0$ N $\quad S_2 = 539{,}7$ N

Die Kraft S_2 ist minimal, wenn die Wirkungslinie der Kraft einen Winkel von 90° zur Wirkungslinie von S_1 bildet:

$\alpha = 65°$ $\quad S_1 = 1087{,}6$ N $\quad S_2 = 507{,}1$ N

Aufgabe 4: Lampe

$\alpha = 45°$ $\quad S_1 = S_2 = 339{,}4$ N

Bei einem Winkel von $\alpha = 30°$ bilden die 3 Kräfte im Krafteck ein gleichseitiges Dreieck.

$\alpha = 30°$ $\quad S_1 = S_2 = G = 480$ N

Aufgabe 5: Dachsparren

$A = 18{,}0$ kN $\quad Z = 21{,}4$ kN

Aufgabe 6: Aufhängung einer Rolle

$S = 16{,}4$ kN $\quad A = 6{,}55$ kN

Aufgabe 7: Sendemast

$S_2 = 5{,}0$ kN $\quad S_3 = 4{,}85$ kN $\quad M = -11{,}7$ kN

Lösungen

Lösungen zu Kapitel 3

Aufgabe 1: Scheibe

$\downarrow F_4 = 32$ kN $\uparrow F_5 = 50$ kN $\rightarrow F_6 = 5$ kN

Aufgabe 2: Balken

A = 72 kN   a = 8,75 m

Aufgabe 3: Balken mit Einzelkräften

R = 56,4 kN $\alpha_R = 70{,}83°$ $x_R = 5{,}62$ m

Aufgabe 4: Gleichgewicht eines Körpers

F = 11,46 kN

Lösungen zu Kapitel 4

Aufgabe 1: Winkelprofil

$y_S = 0$ $\quad\quad z_S = 19{,}2$ cm

Aufgabe 2: Lastschwerpunkt

$R = 187{,}5$ kN $\quad x_R = 6{,}11$ m

Aufgabe 3: Stahlwalzprofile

$y_S = 4{,}89$ cm $\quad z_S = 7{,}17$ cm

Aufgabe 4: Stützmauer

$y_S = 0{,}92$ m $\quad z_S = 1{,}64$ m

Aufgabe 5: Linienzug

$x_S = 27{,}26$ cm $\quad y_S = 11{,}15$ cm

Lösungen

Lösungen zu Kapitel 5

Der Grad der statischen Unbestimmtheit wird mit n bezeichnet.

Aufgabe 1: Träger

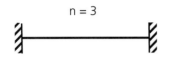
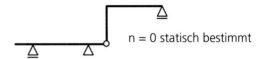

Aufgabe 2: Statisch bestimmte Träger

Es wird hier lediglich eine Möglichkeit von vielen dargestellt. Die Angabe der statischen Bestimmtheit bezieht sich auf das Ausgangssystem.

Aufgabe 3: Rahmen

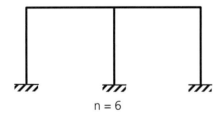
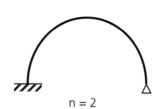
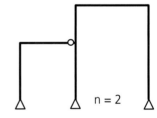

Aufgabe 4: Statisch bestimmte Rahmen

Es wird hier lediglich eine Möglichkeit von vielen dargestellt. Die Angabe der statischen Bestimmtheit bezieht sich auf das Ausgangssystem.

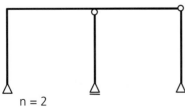
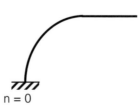
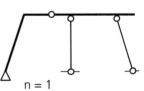

Lösungen zu Kapitel 6

Für alle Aufgaben werden die Auflagerreaktionen und Schnittgrößen in [kN] bzw. [kNm] angegeben.

Aufgabe 1: Einfeldträger mit Gleichlasten

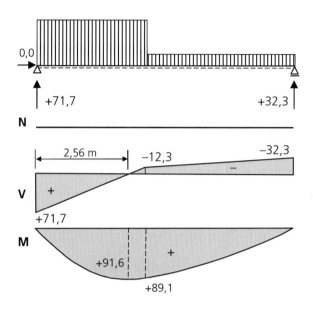

Aufgabe 2: Einfeldträger mit Gleichlast und Einzelkraft

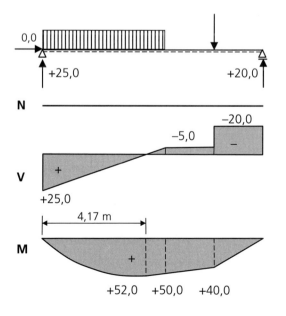

Aufgabe 3: Einfeldträger mit Einzelkräften

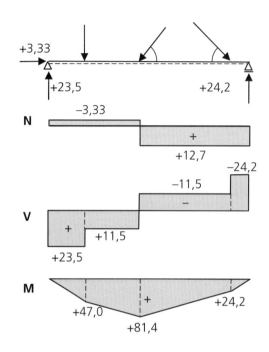

Aufgabe 4: Einfeldträger mit Einzelkraft und Moment

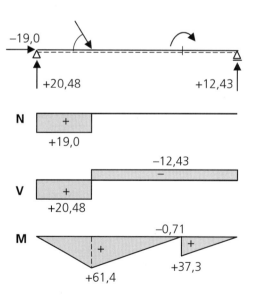

Lösungen

Aufgabe 5: Kragträger mit Einzelmoment

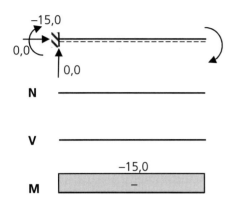

Aufgabe 6: Kragträger mit Streckenlasten und einer Einzelkraft

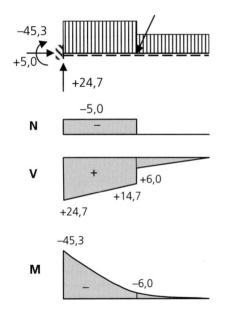

Aufgabe 7: Eingespannte Stütze unter Windbelastung und Einzelkraftangriff

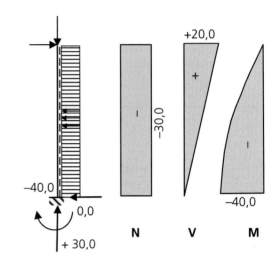

Aufgabe 8: Kragträger mit Dreiecksbelastung

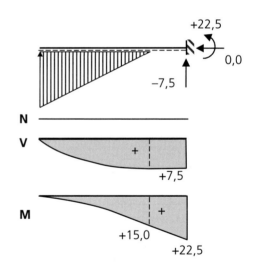

Lösungen

Aufgabe 9: Kragträger mit Einzelkräften

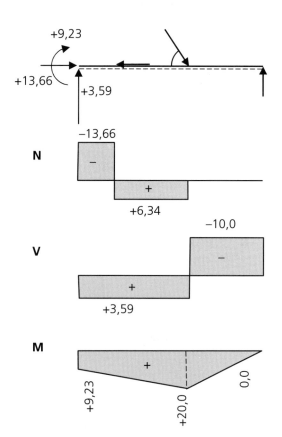

Aufgabe 10: Kragträger mit Gleichlast

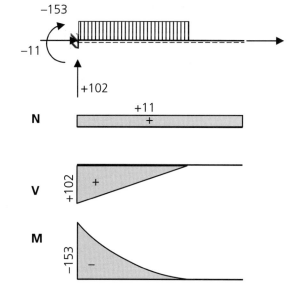

Aufgabe 11: Einfeldträger mit Kragarm mit Gleichlasten und Einzelkraft

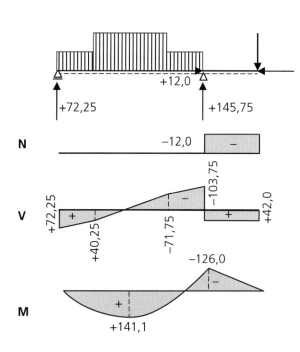

Aufgabe 12: Einfeldträger mit Kragarm mit Dreieckslast

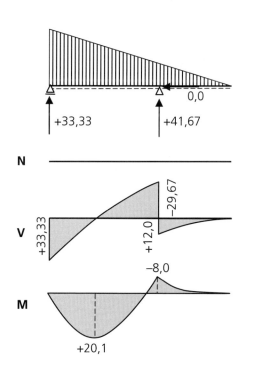

Lösungen

Aufgabe 13: Einfeldträger mit Kragarm mit Gleichlast und Einzelmoment

Aufgabe 14: Rahmen mit Dreieckslast und Einzelkraft

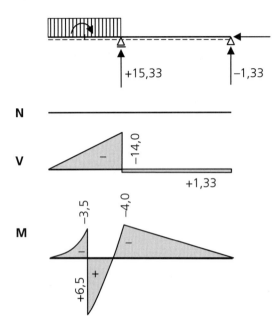

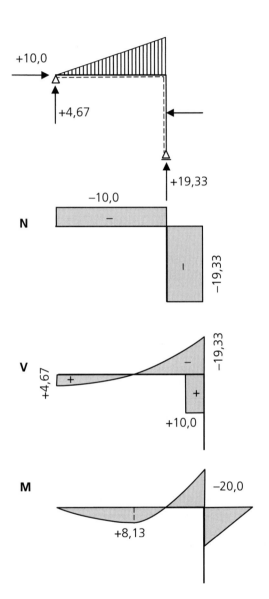

Aufgabe 15: Rahmen mit Gleichlast und Einzelkräften

Aufgabe 16: Abgewinkelter Einfeldträger mit Gleichlasten

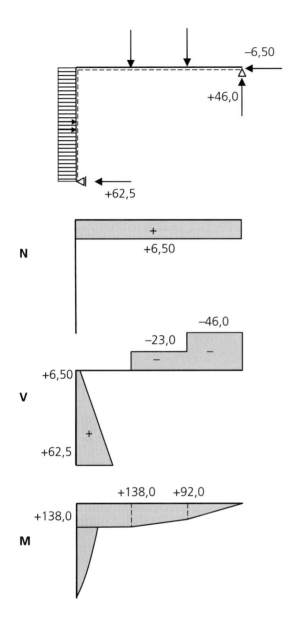
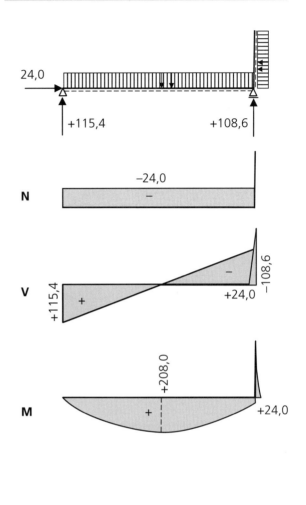

Lösungen

Aufgabe 17: Geneigter Träger mit Einzelkräften

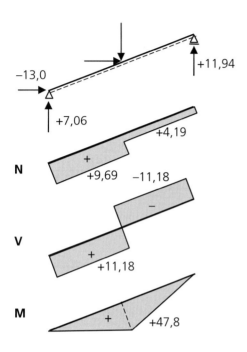

Aufgabe 18: Geneigter Träger mit Gleichlast

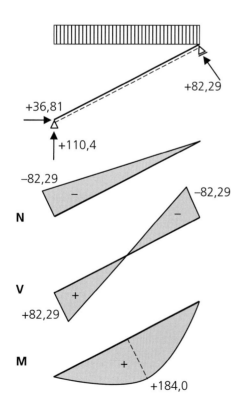

Aufgabe 19: Geknickter Träger mit Gleichlast und Einzelkraft

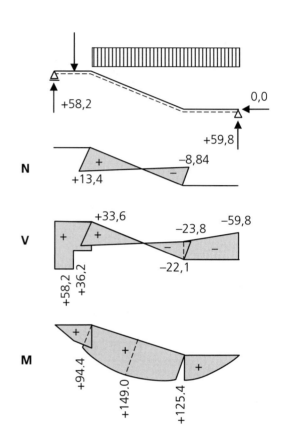

Aufgabe 20: Geknickter Träger mit Einzelkräften

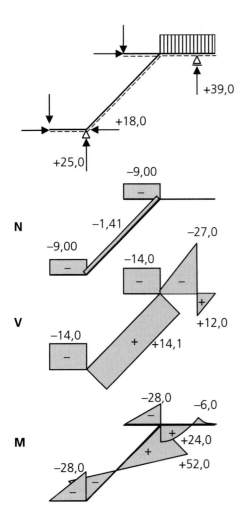

Lösungen

Lösungen zu Kapitel 7

Für alle Aufgaben werden die Auflagerreaktionen und Schnittgrößen in [kN] bzw. [kNm] angegeben.

Aufgabe 1: Zweifeldträger

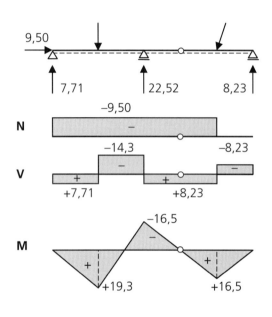

Aufgabe 3: Dreigelenksrahmen mit Streckenlasten

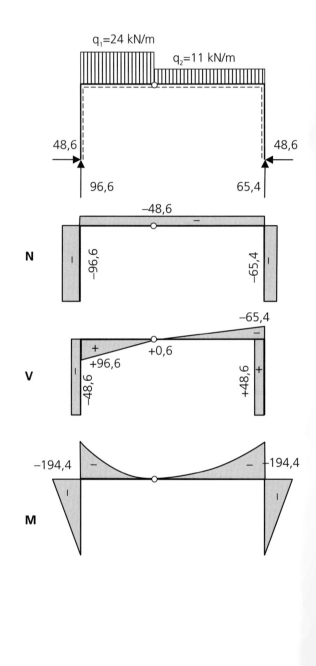

Aufgabe 2: Dreifeldträger

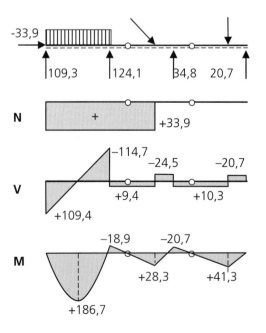

Lösungen

Aufgabe 4: Dreigelenksrahmen mit Horizontalkraft

Aufgabe 5: Dreigelenksrahmen mit Gleichlast

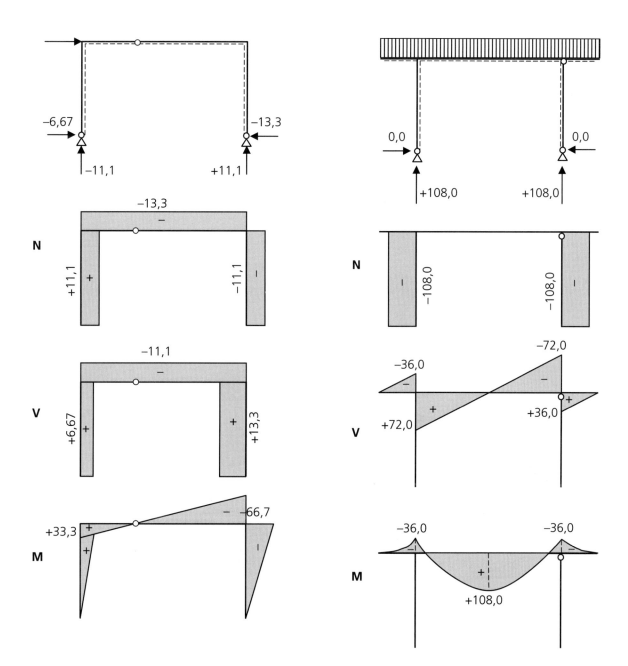

Lösungen

Aufgabe 6: Dreigelenksrahmen mit Horizontal- und Vertikalbelastung

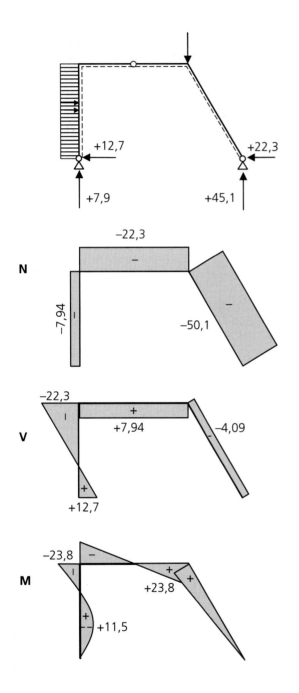

Aufgabe 7: Dreigelenksrahmen mit Einzelkräften

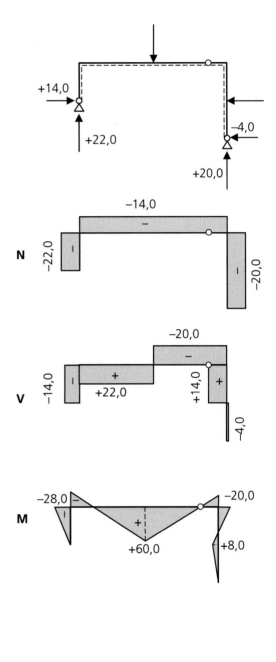

Lösungen zu Kapitel 8

Aufgabe 1: K-Fachwerkträger

$A_h = 0 \rightarrow$

$A_v = 72{,}0 \text{ kN} \uparrow$

$B_v = 72{,}0 \text{ kN} \uparrow$

Stab	Kraft [kN]	Stab	Kraft [kN]
O_1	0,00	V_4	−27,0
O_2	−67,5	V_5	−18,0
U_1	0,00	D_1	−72,7
U_2	+67,5	D_2	+72,7
V_1	−18,0	D_3	−24,2
V_2	−72,0	D_4	+24,2
V_3	−9,0		

Aufgabe 2: Kranträger

$A_h = 152{,}75 \text{ kN} \rightarrow$

$A_v = 102{,}0 \text{ kN} \uparrow$

$B_h = 177{,}75 \text{ kN} \leftarrow$

Stab	Kraft [kN]	Stab	Kraft [kN]
O_2	+136,0	D_4	+384,7
U_2	−247,0	V_3	+272,0
D_3	+41,7	V_5	−203,7

Aufgabe 3: Dachbinder

$A_h = 9{,}41 \text{ kN} \leftarrow$ $A_v = 0{,}58 \text{ kN} \uparrow$

$B_v = 4{,}44 \text{ kN} \downarrow$

Stab	Kraft [kN]	Stab	Kraft [kN]
O_1	+2,70	V_1	0,0
O_2	+3,93	V_2	−0,87
U_1	+5,91	D_1	−2,61
U_2	+5,91		

Aufgabe 4: Brückenträger

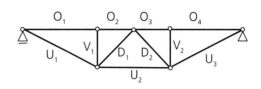

$A_h = 0 \rightarrow$

$A_v = 28{,}3 \text{ kN} \uparrow$

$B_v = 56{,}7 \text{ kN} \uparrow$

Stab	Kraft [kN]	Stab	Kraft [kN]
O_1	−56,7	U_3	+126,7
O_2	−56,7	V_1	0,0
O_3	−113,3	V_2	−85,0
O_4	−128,3	D_1	−40,1
U_1	+63,4	D_2	+40,1
U_2	+85,0		

Aufgabe 5: Strebenfachwerk

$A_h = 0 \rightarrow$

$A_v = 43{,}5 \text{ kN} \uparrow$

$B_v = 43{,}5 \text{ kN} \uparrow$

Stab	Kraft [kN]	Stab	Kraft [kN]
O_1	0,0	V_1	0,0
O_2	−77,3	D_1	−72,5
U_1	+58,0	D_2	+24,2
U_2	+96,7	D_3	−24,2

Aufgabe 6: Hallenträger mit Auskragung

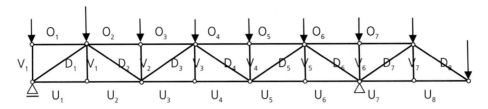

$A_v = 55{,}3 \text{ kN} \uparrow$

$B_h = 0{,}0$ $\hspace{4cm}$ $B_v = 162{,}7 \text{ kN} \uparrow$

$O_{max} = O_6 = O_7 = +150{,}0 \text{ kN}$ $\hspace{1cm}$ $O_{min} = O_2 = O_3 = -94{,}0 \text{ kN}$

$U_{max} = U_3 = U_4 = +87{,}0 \text{ kN}$ $\hspace{1cm}$ $U_{min} = U_7 = U_8 = -57{,}0 \text{ kN}$

$V_{max} = V_2 = V_4 = V_6 = 0{,}0 \text{ kN}$ $\hspace{1cm}$ $V_{min} = V_3 = V_5 = V_7 = -24{,}0 \text{ kN}$

$D_{max} = D_5 = +95{,}0 \text{ kN}$ $\hspace{2cm}$ $D_{min} = D_6 = -138{,}2 \text{ kN}$

Lösungen zu Kapitel 9

Aufgabe 1: Mehrfach abgewinkelter Kragträger

Auflagerreaktionen [kN] bzw. [kNm]

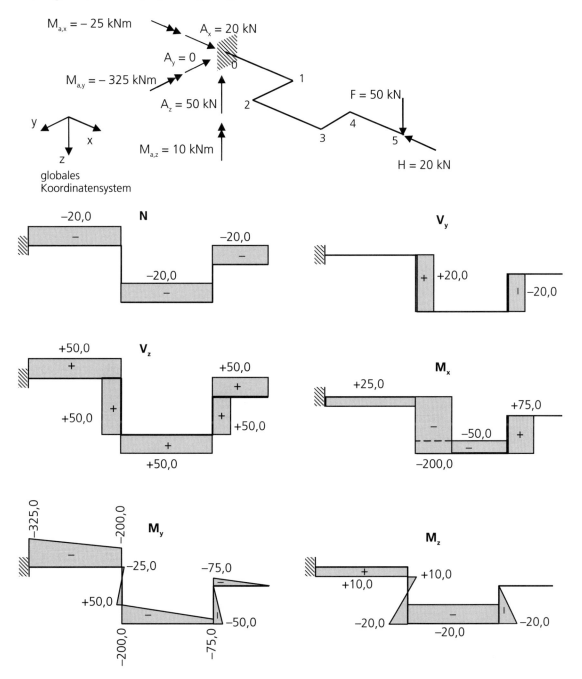

Stichwortverzeichnis

A

Auflager 50

Auflagerreaktionen 58

Auftrieb 142

Ausfachungen 107

B

Baudynamik 9

Baustatik 9

Bewegliches Auflager 50

Biegemoment 59

Biegeträger 50

Bogen 50

C

Charakteristische Belastung 134

Cremonaplan 115

D

Diagonalstab 107

Drehmoment 24

Dreigelenksbögen 100

Dreigelenksrahmen 56, 94

Durchlaufträger 50

Dynamik 9

E

Eigenlasten 132

Einfeldträger 58

Einfeldträger mit beidseitigen Kragarmen 77

Einfeldträger mit Dreieckslast 65

Einfeldträger mit Einzelkraft 60

Einfeldträger mit Einzelmoment 66

Einfeldträger mit Gleichlast 62

Einfeldträger mit Kragarm 71

Einfeldträger mit Kragarm – Gleichlast 73

Einfeldträger mit Kragarm mit Einzellast 72

Einfeldträger mit Kragarm mit Gleichlast am Kragarm 73

Einfeldträger mit Streckenlast 63

Einheitensystem 11

Einspannung 51

Einzelkraft 132

Erdbeben 142

Erddruck 142

Eurocodes 131

F

Fachwerk 50

Fachwerkaufbau 108

Fachwerke 107

Festes Auflager 51

Flächenkräfte 12

Flächenlast 132

Flächentragwerke 49

G

Geknickte Träger 79

Gelenk 54

Gelenkskräfte 91

Gelenksträger 50, 55

Gelenksträger 91

Gerberträger 55

Gewichtskraft 10

Gleichgewichtsarten 32

Gleichgewichtsbedingung 58

Gleitreibung 34

Gleitsicherheit 34

Gravitation 10

H

Hängewerk 50

Horizontale Nutzlasten 135

K

Kennfaser 60

Kinematik 9

Kippmoment 33

Kippsicherheit 33

Kraft 10

Krafteck 14

Kräftepaar 24

Kräfteplan 14

Kragträger 68

Kragträger mit Einzellast 68

Kragträger mit Streckenlast 69

L

Lastannahmen 131

Linienlast 13, 132

Lokales Koordinatensystem 59

Lotrechte Nutzlasten 134

M

Mechanik 9

Moment 24

N

Normalkraft 59

Nutzlasten im Hochbau 134

Nutzungsdauer 131

Nutzungskategorien 134

O

Obergurt 107

P

Parallelführung 54

Parallelgurtige Fachwerke 114

Parallelogrammaxiom 12

Pendelstütze 50

Plattentragwerke 50

Q

Querkraft 59

R

Rahmen 50

Rahmeneck 79

Räumliche Tragsysteme 123

Räumliche Kraftvektoren 19

Reaktionskräfte 13

Reaktionsaxiom 12

Reibungsbeiwert 34

Reibungswiderstand 34

Ritterschnitt-Verfahren 112

Rollreibung 34

Rundschnittverfahren 110

S

Schale 50

Scheibe 50

Schneelasten 135

Schnittgrößen 13, 59

Stichwortverzeichnis

Schnittprinzip 59

Schräge Träger 79

Seileckverfahren 27

Sprengwerk 50

Stab 50

Stabdreieck 108

Stabkräfte 107

Stabtragwerke 49

Standmoment 33

Starre Körper 11

Statisch unbestimmte Tragsysteme 52

Statische Bestimmtheit 51

Statische Bestimmtheit eines Fachwerksystems 109

T

Torsionsmoment 123

Trägheitsaxiom 12

Tragwerksformen 49

U

Ungünstige Laststellungen 78

Untergurt 107

V

Verschiebungsaxiom 12

Vertikale Pfosten 107

Volumenkräfte 12

Vorzeichen der Schnittgrößen 59

W

Wasserdruck 141

Wichte 132

Windlasten 137

Z

Zentrales Kraftsystem 14

Zugband 101

Zustandslinie 60

Zwischenwände 134